本书主要得到以下基金资助：
"长三角生态绿色一体化示范区流域生态补偿技术标准与协同机制研究"（21692108800），
上海市2021年度"科技创新行动计划"软科学重点项目

王雨蓉————

著

基于制度分析与发展框架的

流域生态补偿规则研究

U0253967

中国农业出版社
北　京

图书在版编目（CIP）数据

基于制度分析与发展框架的流域生态补偿规则研究 /
王雨蓉著 . —北京：中国农业出版社，2022.11
　　ISBN 978-7-109-30199-3

　　Ⅰ.①基… Ⅱ.①王… Ⅲ.①流域－生态环境－补偿
机制－研究－中国 Ⅳ.①X321.2

中国版本图书馆 CIP 数据核字（2022）第 208908 号

中国农业出版社出版

地址：北京市朝阳区麦子店街 18 号楼
邮编：100125
策划编辑：屈　娟
责任编辑：刁乾超　　文字编辑：王陈路
版式设计：李　文　　责任校对：吴丽婷
印刷：北京中兴印刷有限公司
版次：2022 年 11 月第 1 版
印次：2022 年 11 月北京第 1 次印刷
发行：新华书店北京发行所
开本：700mm×1000mm　1/16
印张：12.25
字数：260 千字
定价：68.00 元

　　流域，尤其是流域中的水资源，被视为一种基础性的自然资源和战略性的经济资源。流域不仅是维系流域生态环境的关键，也在为经济社会系统的可持续发展提供生态和资源支撑。当前，水环境污染和水资源短缺已成为世界各国面临的主要问题，中国在加速城镇化、工业化的阶段也付出了巨大的代价，承担了极高的治理成本。流域生态补偿，作为改变流域生态环境和流域水资源利用方式的重要制度工具，成为建设美丽中国的重要抓手，党的十九大更是指出要"加大生态系统保护力度……建立市场化、多元化生态补偿机制"，探索流域生态补偿制度已经成为推进生态文明建设、依靠制度保护环境的重要举措。

　　我国多数流域生态补偿的实践由政府主导，流域流经地的各级政府作为水资源所属权和管辖权的具体承担者，在流域生态补偿机制构建和运行中充当重要角色。在跨省流域生态补偿中，不仅涉及跨行政区域治理，同时上下游地区的利益关系复杂且不易协调，而且由于流域水资源的流动性、开放性等特征，上下游地区间的用水矛盾日益常态化。那么，跨省流域生态补偿中的利益关系表现在哪些方面，这些利益关系会导致流域上下游地区地方政府间产生怎样的利益矛盾，如何通过协调利益关系来促进流域上下游地区政府建立补偿合作，建立之后又怎样让制度良好有序地运作，以及是否会产生有效的结果，本书基于制度分析与发展框架的理论和视角，对以上问题展开研究。

　　本书以流域生态补偿为研究对象，在梳理相关文献、界定重要概念之后，基于制度分析与发展框架提出一个流域生态补偿的"要素表征—内在机理—制度构建"分析框架，作为本书的逻辑支点。之后，讨论流域生态补偿的行动情境、上下游行为主体的利益关系和行动逻辑，发现在自然状态下，流域利益相关者很难通过建立流域生态补偿制度来应对流域资源利用中存在的问题。需要通过制订具体规则来确定谁是行动者、允许进入项目的条件、如何支付、如何监管以及许多其他行为，而且该制度也受到复杂的规则体系的影响。选择合适的应用规则类型和形式将有利于流域生态补偿制度运行。挑选国家第一个上下游跨省流域水环境补偿试点——新安江流域生态补偿试点项目，从生态效果、经济效率和规则构建3个维度评价其实施结果。最后对流域生态补偿制度的优化进行探讨，以期指导中国流域生态补偿的实践创新。本书主要研究结论如下。

第一，由于利益关系复杂，流域生态补偿制度建立无法自然产生，需要外界的激励和约束。在自然状态下的流域生态系统服务提供者和购买者博弈过程中，提供者的额外收益、成本和购买者的成本是影响系统演化稳定策略的重要因素。当额外收益大于成本时，会有越来越多的提供者选择提供生态系统服务，但现实中这种条件很难出现，所以在自然状态下，流域上下游间很难建立起生态补偿。在加入两种激励—约束机制（上级政府的激励—约束机制和上下游之间的激励—约束机制）之后发现，当提供者和购买者实施流域生态补偿成本较低的时候，上级政府的约束机制更强有利于两者向社会最优策略演化；当实施流域生态补偿成本较高的情况下，两者基于水质的约束机制可能比上级政府约束机制更有效，而且购买者比提供者对变量的变动作出的响应更积极。

第二，设计特定的应用规则体系有助于流域生态补偿制度有效运行。中国流域生态补偿的顶层设计奠定了其实践基础，这体现在流域资源的产权、流域管理和流域系统服务的有偿使用等方面。与此同时，流域生态补偿的实践促进了顶层设计的完善，流域生态补偿的要素在实践中发现问题又在政策改革中提出可能的解决方案。其中，流域生态补偿的应用规则体系构成了协调不同生态补偿参与者利益分配关系、利益获取关系和利益保障关系的现实机制。一组针对流域生态补偿的特定规则体系，应当包括明确的位置规则、清晰的边界规则、全面有层次的选择规则、合理放权的聚合规则、匹配的范围规则、透明公开的信息规则、创新的收益规则。位置规则明晰补偿主体和责任，边界规则选择参与者标准，选择规则规定允许的行动集合，偿付规则创新补偿渠道和分级制裁（是跨区域流域生态补偿机制建立的基石），信息规则确定可用而完整的信息，聚合规则适当放权于当地居民，范围规则建立与流域匹配的管理机构（是促进流域生态补偿持续性的重要因素）。

第三，流域生态补偿制度绩效需要从多个维度进行评估，一个流域生态补偿制度中的生态、经济和规则结果不一定都会令人满意。新安江生态补偿项目有效减少了河流的氮素输入，项目通过一系列的设计来改变流域范围内人类行为，达到控制氮污染的目的。2008—2017 年，新安江流域（黄山市境内）的人类活动净氮输入总体上呈下降趋势，大幅度下降发生在2012 年以后，也就是流域生态补偿开始实施后。但是，新安江生态补偿项目资金利用效率较低。从综合治理、面源污染整治和畜禽养殖整治 3 个方面的项目资金效率来看，新安江流域的大部分乡（镇）处于低效率状态。其中，黄山区补偿资金利用效率排名第一，祁门县排名第二，黟县和歙县在最后两名，较多区（县）的生态补偿项目资金投入和环境及经济产出都有改进的空间。在规则构建上，新安江生态补偿的应用规则体系完整且表现良好。该项目中职位规则、边界规则、选择规则、信息规则和偿付规则均产生了较好的结果。

根据以上结论提出，协作共治是走出流域生态补偿制度困境的一种选择，是跨区域和涉及多重利益的流域的必经之路。建立流域生态补偿需要：创造多元的职位规则，重视政府的定位和职能；用市场的力量选择参与者和扩大资金来源，进一步发挥市场机制的作用；打造多层次的选择规则和多指标的考核体系，精准定位生态系统服务；加强信息交流频率和透明度，创立有利于基层参与和上下游合作的环境等。本书为建立可复制、可推广的流域生态补偿制度提供对策建议，以期能将流域生态补偿的制度优势转化为流域生态资源的治理效能。

王雨蓉

2022 年 1 月

Contents 目 录

导论：流域生态补偿在中国的发展现状

第一节　流域问题与流域生态补偿

　　流域不仅是整个生态环境的重要组成部分（董战峰 等，2014），也是由水、土地以及人和其他生物等各项要素组成的环境经济复合系统（吕连宏 等，2009）。流域中的水资源，是维系流域生态环境的关键因素，也是经济社会可持续发展的资源支撑，被视为基础性的自然资源和战略性的经济资源。中国经济在改革开放之后实现了飞速发展，工业化和城市化步伐大步前行，与此同时，中国环境也付出了惨痛的代价，出现了严重的生态环境问题，水污染、缺水等一系列流域环境问题愈演愈烈，不仅损害了人们的身体健康，也阻碍了城市的可持续发展。对于中国未来的经济增长来说，水资源瓶颈也许是最为紧迫的问题（张庆丰 等，2011）。水污染的恶性事件时有发生，2018 年，全国七大流域中Ⅲ类及以下水质占 52.1%（中华人民共和国生态环境部，2019）。除了水污染问题，中国还面临着严重的缺水问题。根据世界资源研究所（World Resources Institute）的报告，2010 年中国有占全国土地面积 30% 的土地面临高水资源压力和极高水资源压力①，这意味着有 6.78 亿人生活在高度缺水的地区（Wang et al.，2017），预测到 2030 年人均水资源量将降到 1 760m³，中国未来水资源的形势是严峻的（中国工程院中国可持续发展水资源项目组，2000）。人们开始意识到，流域生态环境问题不仅仅是技术性问题，更是政治问题、经济问题和社会问题，采取何种合理有效的治理手段保护流域水资源、缓解水资源压力，成为亟待解决的难题。

　　作为解决环境资源问题、合理调整利益相关者利益关系的一种重要工具——生态补偿（龙开胜 等，2015），从 20 世纪 90 年代末期开始被引入流域治

---

　　① 水资源压力的一种评价方法为用水部门（包括家庭、工业和农业）年度用水量占年度可用地表水总量的百分比，数值越高表明用水部门之间的竞争越激烈。超过 40% 被认为是"高水资源压力"，超过 80% 被认为是"极高水资源压力"。

理（刘桂环 等，2011）。流域生态补偿成为土地生态管护体系的重要组成内容（郭旭东 等，2018）。过去20年来，流域生态补偿成为一种可以促进生态系统服务供给的制度工具，近年来得到了发展中国家和发达国家的高度重视（Blundo-Canto et al.，2018；Richards et al.，2017）。中国已成为世界规模最大的流域生态补偿项目的投资者。截至2013年，中国政府对流域生态补偿的投资约115亿美元，占全球总投资的94%（Sheng et al.，2018）。这说明，在中国，流域生态系统服务这项重要资源正在变得稀缺，它拥有经济价值却难以显现。流域生态补偿正是通过将生态系统服务的非市场价值转化为购买者对提供者的经济激励，促进流域提供更多、更优质的生态系统服务（Wunder，2015）。

面对流域污染、水环境恶化等挑战，中央政府和地方各级政府都在积极寻求解决方法，通过创新的政策和管理实践扭转局面，旨在恢复流域生态环境，缓解日益增长的水资源需求同严重不足的水资源供给之间的矛盾。近年来，政府提出了一系列有关加快流域生态补偿制度建设的文件。2015年，中共中央、国务院《关于加快推进生态文明建设的意见》提出："建立地区间横向生态保护补偿机制，引导生态受益地区与保护地区之间、流域上游与下游之间，通过资金补助、产业转移、人才培训、共建园区等方式实施补偿。"党的十八届三中全会要求实行生态补偿制度，"坚持谁受益、谁补偿原则，完善对重点生态功能区的生态补偿机制，推动地区间建立横向生态补偿制度"。《生态文明体制改革总体方案》提出"继续推进新安江水环境补偿试点"的工作部署。《水污染防治行动计划》提出："实施跨界水环境补偿。探索采取横向资金补助、对口援助、产业转移等方式，建立跨界水环境补偿机制，开展补偿试点。"2018年末，自然资源部、国家发展改革委员会等9部门联合印发《建立市场化、多元化生态保护补偿机制行动计划》，提出了建立市场化、多元化生态保护补偿机制的总体要求。目前，流域生态补偿得到了全社会的高度关注。作为较早进行探索的生态补偿形式，流域生态补偿现在依旧是全国各地进行生态补偿制度建立与创新的主要领域（吴乐 等，2019）。各省份的实践成果十分丰富，几乎都有流域生态补偿的相关条例和做法（表1-1）。

表1-1 中国流域生态补偿实施情况一览

省（市）	补偿区域	补偿目标	政策文件及时间
北京	官厅水库、密云水库	支持水库上游地区经济发展、生态环境恢复和水污染治理	2005年，《北京市与周边地区水资源环境治理合作资金管理办法》 2018年，《密云水库上游潮白河流域水源涵养区横向生态保护补偿协议》（与河北省签订）

（续）

省（市）	补偿区域	补偿目标	政策文件及时间
天津	滦河流域	污水整治与处理	2017年，《关于引滦入津上下游横向生态补偿的协议》（与河北省签订）
河北	子牙河流域	治理子牙河水系的水污染问题	2008年，《河北省子牙水系污染综合治理实施方案》
山西	大同、阳泉、朔州、晋中、忻州等市的地表水	改善地表水的水质、综合整治流域水污染	2009年，《关于实行地表水跨界断面水质考核生态补偿机制的通知》
内蒙古	嫩江、滦河水系	保护优良水体	2015年，《内蒙古自治区人民政府办公厅关于印发水污染防治工作方案的通知》
辽宁	辽河流域	水污染防治	2008年，《辽宁省跨行政区域河流出市断面水质目标考核暂行办法》
吉林	松花江流域	防治松花江流域水污染、保护和改善水质	2008年，《吉林省松花江流域水污染防治条例》
黑龙江	穆棱河与呼兰流域	防治污染、改善水质	2015年，《黑龙江省穆棱河与呼兰河流域跨行政界水环境生态补偿办法（试行）》
上海	水源地	保护水源地水质和改善水源地环境	2009年，《关于上海市建立健全生态补偿机制的若干意见》和《生态补偿转移支付办法》
江苏	太湖流域	治理太湖流域	2007年，《江苏省太湖流域环境资源区域补偿试点方案》
	苏州水源区	保护水源地	2014年《苏州生态补偿条例》
浙江	长潭水库	保护水库水质及生态环境	2003年，《长潭水库饮用水源水质保护专项资金管理办法》 2009年，《台州市黄岩长潭水库库区生态补偿实施办法》
	钱塘江源头	钱塘江源头地区生态建设、产业结构调整、环境保护基础设施建设	2006年，《钱塘江源头地区生态环境保护省级财政专项补助暂行办法》
	省内八大水系	改善环境质量、保护生态功能	2008年，《浙江省生态环保财力转移支付试行办法》
安徽	新安江流域	新安江流域水环境保护、水污染治理	2011年，《安徽省新安江流域生态环境补偿资金管理（暂行）办法》
	大别山区	山区水环境保护、水污染防治	2014年，《安徽省大别山区水环境生态补偿办法》

（续）

省（市）	补偿区域	补偿目标	政策文件及时间
福建	闽江、九龙江流域	工业污染整治、饮用水源保护规划及整治以及其他污染整治	2007 年，《福建省闽江、九龙江流域水环境保护专项资金管理办法》 2012 年，《福建省重点流域水环境综合整治专项资金管理办法》
江西	鄱阳湖	鄱阳湖湿地生态功能、生物多样性	2003 年，《江西省鄱阳湖湿地保护条例》
	赣江、抚河、信江、饶河、修河、东江流域	污染防治、保护生态环境	2008 年，《江西省"五河"和东江源头保护区生态环境保护奖励资金管理办法》
山东	淮河流域、小清河流域	补偿退耕（渔）还湿的农（渔）民、加强流域内环境基础设施建设、改善流域水环境治理	2007 年，《关于在南水北调黄河以南段及省辖淮河流域和小清河流域开展生态补偿试点工作的意见》
	大沽河流域		2014 年，《大沽河流域水环境质量生态补偿暂行办法》
	县际流域横向生态补偿全覆盖		2021 年，《关于建立流域横向生态补偿机制的指导意见》
河南	省域内长江、淮河、黄河和海河四大流域及地表水	水污染防治、提高水环境水质	2010 年，《河南省水环境生态补偿暂行办法》
湖北	通顺河流域	流域水污染防治和生态修复	2022 年，《通顺河流域跨市断面水质考核生态补偿协议》
湖南	湘江流域	污染治理、环境保护、水生态修复、饮用水源地保护、水土保持、城镇垃圾处理	2014 年，《湖南省湘江流域生态补偿（水质水量奖罚）暂行办法》
	酉水流域		2018 年，《酉水流域横向生态保护补偿协议》（与重庆市签订）
	渌水流域		2019 年，《渌水流域横向生态保护补偿协议》（与江西省签订）
广东	东江流域	改善东江流域环境质量	2016 年，《东江流域上下游横向生态补偿协议》（与江西省签订）
	潭江流域	潭江流域水污染治理	2019 年，《江门市潭江流域生态保护补偿办法》
广西	九洲江-鹤地水库流域	预防、控制和治理水环境污染和生态破坏	2015 年，《九洲江-鹤地水库流域生态环境保护总体方案》

（续）

省（市）	补偿区域	补偿目标	政策文件及时间
海南	全省水域	保护流域生态环境	2015年，《海南省水污染防治行动计划实施方案》
重庆	三峡库区	保护三峡库区水体环境质量	2008年，《重庆市三峡库区及其上游水污染防治规划（修订本）实施方案》
四川	岷江、沱江、嘉陵江等流域	治理水环境污染	2019年，《四川省流域横向生态保护补偿奖励政策实施方案》
贵州	赤水河流域	水污染防治	2014年，《贵州省赤水河流域水污染防治生态补偿暂行办法》
云南	云龙水库	保障饮用水安全	2013年，《云南省云龙水库保护条例》
西藏	全区水域	保持和改善水环境质量	2015年，《西藏自治区水污染防治行动计划工作方案》
陕西	渭河干流流域内的西安市、宝鸡市、咸阳市、渭南市地表水	改善渭河流域水环境质量	2009年，《陕西省渭河流域水污染补偿实施方案（试行）》
甘肃	渭河流域	提高渭河水环境容量、防治渭河水环境污染	2011年，《渭河流域环境保护城市联盟框架协议》（与陕西签订）
青海	南川河流域	水质水量一体式改善	2018年，《西宁市南川河流域水环境生态补偿方案》
宁夏	黄河流域宁夏段	水源涵养、水质改善、用水效率	2020年，《黄河宁夏段干支流及入黄排水沟上下游横向生态保护补偿机制试点实施方案》
新疆	白杨河和布克河流域、开都河—孔雀河（博斯腾湖）流域、艾比湖流域、塔里木河流域、喀什噶尔河流域、和田河流域	水质改善、水量保障	2018年，《自治区建立流域上下游横向生态保护补偿机制的实施意见》

　　从表1-1可以发现，现有流域生态补偿大部分是政府主导，在制度提出和实践中表现出"先提出设计，后执行完善"的特征，并且中央政府给予省级政府较大的自由空间，各省份的省内流域补偿机制或有雏形，或已建

立，但是跨省的流域生态补偿由于涉及跨区域治理，相关利益主体的利益关系复杂且难以协调，因此实践成果并不多。而且在中国特色社会主义制度总体框架下，流域及其中的水资源等生态资源的产权属于国家，流域附近的各级政府是流域资源管辖权的具体执行者，在流域生态补偿制度建立和运行中扮演着重要角色。所有权归国家所有的制度，决定了以私有产权为基础的流域生态补偿很难移植和照搬到我国。因此，在我国以公有制为主体的基本经济制度背景下、在统筹推进"五位一体"总体布局要求下，如何有效建立、良好运行和全面评估我国流域生态补偿制度是本书所需研究的最重要的科学问题。

为了解决这个问题，首先要回答的是：什么是流域生态补偿？流域生态补偿的关键要素有哪些？如何通过一个框架较为全面地分析流域生态补偿的要素及其联系？其次需要知道的是：为什么流域生态补偿制度在"霍布斯的自然状态[①]"下难以建立？又该通过什么方法才能有效建立？进一步回答：哪些规则将有助于流域生态补偿建立之后可以良好地运行？这些规则在实际案例中的表现形式是什么？最后回答：如何评估一个流域生态补偿的制度绩效？从哪些维度去评价它的成功与不足？为了探求问题的答案，本书尝试借鉴国内外已有的流域生态补偿的相关研究和理论，结合国内第一个上下游跨省流域水环境补偿试点——新安江生态补偿试点项目，对流域生态补偿制度中的利益主体关系、应用规则设计、实施绩效评估等关键问题进行研究，以期优化和完善我国的流域生态补偿制度，为建设生态文明提供制度保障。

第二节 流域生态补偿在生态文明建设中的意义

在生态文明建设进程中，流域生态补偿制度具有重要意义——是加快生态文明制度改革、建设美丽中国的重要抓手。在这样的背景下，本书试图引入制度分析与发展（institutional analysis and development，简称 IAD）框架，从制度建立、制度运行、制度绩效 3 个方面对流域生态补偿制度构建进行相对完整的研究，为流域生态补偿在我国的实践与发展提供理论依据与政策指导，具有较强的理论意义和现实意义。

---

① "霍布斯的自然状态"是指人的本性都是恶的，是自私自利和残暴好斗的，在自然状态下，每个人都可以为自己的利益抗争。每个人都有按照自己所意愿的方式运用自己的力量保全自己的权利（肖丹，2009）。也可以理解为"霍布斯的自然状态就像一个因徒困境或公地悲剧……只有借助于能对短期利益施加强制限制的被接受的自由仲裁者或主权者才能避免那种状态"（张国清，2014）。

一、理论意义

近年来，我国生态补偿的相关理论研究取得了较大进展，随着理论成果的增加，相关实践不断推进。从总体上看，流域生态补偿的研究更加关注补偿主客体、补偿标准和补偿方式等问题，对于流域生态补偿规则体系及其影响的研究仍然较少。本书在借鉴国际上生态补偿的相关理论和奥斯特罗姆提出的 IAD 框架的基础上，结合我国流域生态补偿的实践情况，探索我国流域生态补偿制度的构建方法，从规则的视角切入流域生态补偿制度，这对于完善生态补偿研究理论体系具有一定意义。另外，本书还将尝试吸收不同学科，如制度经济学、博弈论、系统动力学、生态学等学科交叉的研究成果，以丰富流域生态补偿制度的相关研究。

二、现实意义

我国目前由政府主导的纵向流域生态补偿机制已经较为成熟，并且从全球范围内来看，中央及省级财政在流域生态补偿方面投入的金额和覆盖的范围已达到较高水平（Sheng et al.，2018）。然而，在具体的实践中却经常发现存在激励机制失效、资金使用低效等问题，这些问题在一定程度上降低了流域生态补偿的成效。在全面深化生态文明制度改革的关键时期，有必要对流域生态补偿制度进行创新，以适应愈发增加的流域环境治理压力和保护上下游流域资源使用者的利益。所以，需要进一步创新流域生态补偿制度建设，突出对流域提供的生态服务和流域生态补偿项目资金使用的评价，得出有利于完善流域生态补偿制度的建议，对指导我国的流域生态补偿实践具有一定现实意义。

第三节 流域生态补偿建立、运行和评估的研究逻辑

本书的研究基于 IAD 框架，从行动情境、外部变量和评估准则三个方面梳理国内外流域生态补偿的相关研究，根据相关理论基础设计流域生态补偿制度的分析框架。在此框架的逻辑体系下，分析流域生态补偿制度的建立、运行和评估上的困境以及问题的解决途径。最后依据研究结论，得到改善我国流域生态补偿制度的启示，以及其可能改进的实践方向。

第一，使用 IAD 框架的语法对流域生态补偿制度进行探讨，构建流域生

态补偿"要素表征—内在机理—制度构建"的分析框架。为了研究该内容,首先,将本书的第二章和第三章作为研究基础,在已有的研究成果上明确本书的研究对象、理论基础。针对已有的研究进行系统的搜集、整理和归纳,构建研究的出发点。结合奥斯特罗姆对公共池塘资源治理形成的 IAD 框架,对现有的关于生态补偿的研究,从多个方面进行综述、评述。在已有研究的基础上,理清流域生态补偿中产生的问题,并获得在研究思路、分析方法及工具手段上的启迪。进一步对研究对象、研究问题及其他相关概念进行界定,以厘清本书在研究中所涉及概念的内涵与外延,明确流域生态补偿制度研究的理论基础及逻辑关系。然后,在第四章构造了以 IAD 框架为基础的流域生态补偿分析框架:对流域生态补偿行动情境和要素进行梳理,分析流域生态补偿行动者的行为逻辑、其中的利益关系及存在的利益冲突,讨论哪些应用规则可以解释或解决流域生态补偿中普遍存在的问题,最后在 IAD 框架下构建流域生态补偿"要素表征—内在机理—制度构建"的分析框架。

第二,分析在不同条件下建立流域生态补偿规则的基础,通过构造流域生态补偿利益相关者演化博弈模型,讨论不同模式的适用性。本书第五章着重研究这部分内容,在分析利益关系的基础上,构建自然状态下、政府管制模式下,以及基于生态系统服务协议模式下流域生态补偿行动者的演化博弈模型,运用复制动态方程分析各行动者的策略及其影响因素,对比提供者局部、购买者局部以及两者系统的演化博弈稳定策略,探讨在中国情境下建立何种流域生态补偿模式,并且建立两类状态下流域生态补偿系统动力学模型,模拟和验证不同条件下的演化博弈结果和变量改变对演化博弈结果的影响。

第三,梳理我国流域生态补偿规则体系,从"规则的规则"到"应用规则",运用实际案例,分析有利于流域生态补偿制度运行的规则。第六章首先介绍中国流域生态补偿的规则体系,从规则的演变和联系,理解流域生态补偿规则的层次性以及不同层次之间的互动;结合流域生态补偿规则的特征和解构,总结一组特定的流域生态补偿应用规则,应用该组规则,分析国家试点项目——新安江流域上下游横向生态补偿机制,在该案例的基础上,讨论中国流域生态补偿规则体系完善和发展的方向。

第四,选取新安江流域作为典型案例,从生态、经济和规则 3 个维度评估该流域生态补偿的制度绩效。第七章以新安江流域为例,评估实施流域生态补偿的结果。从新安江流域生态补偿是否对生态环境产生了积极的影响、该流域生态补偿的投资是否有效、应用规则是否满足 IAD 框架的几个标准 3 个方面,展开对新安江流域生态补偿制度绩效的评估。

研究以上内容之后,归纳本书的主要研究结论并提出对策与建议。同时,针对书中的不足之处、有待完善的部分，给出进一步的研究展望。

本书采用定量分析和定性分析相结合的研究方法，具体方法有以下几点。

一、文献研究法和系统评价法结合的分析方法

运用科学的检索方法——系统评价法，并且阅读国内外关于生态补偿及流域生态补偿（国际上称之为"流域生态系统服务付费"）方面的研究，掌握国内外学术研究动态和进展，对已有文献的研究成果进行分析、评述，识别出当前研究中可能的突破方向。与此同时，梳理各级政府部门发布的相关政策文件，了解流域生态补偿的实践进展，找到本书研究的现实支点。

二、数理模型和系统动力学结合的分析方法

数理模型有助于更加简明、更加条理地解释经济现象。在本书第五章中，运用演化博弈论的相关数理模型研究流域生态补偿中上下游之间的决策行为。在一系列假设条件中，构建不同情境下流域生态补偿行动者的演化博弈模型，经过数理推导和计算，刻画流域上下游决策行为，分析流域上下游演化博弈稳定策略，并使用系统动力学的方法，采用 Vensim 软件进行仿真模拟，检验数理模型的相关结论。

三、案例研究和访谈结合的分析方法

案例研究是公共管理学的主要研究方法之一。案例分析能够提供比任何一种理论模型都丰富得多的内容。在本书第六章中，用案例分析方法，研究流域生态补偿应用规则的相关问题。在案例研究中，对特定流域生态补偿的主要执行机构进行走访。通过与该机构相关工作人员的访谈，了解他们对流域生态补偿的看法与意见，掌握流域生态补偿政策的实施情况，搜集相关数据和文件资料，为后续实证研究提供资料和数据支撑。

四、生态学和数据包络方法相结合的分析方法

在本书第七章中，使用流域内人类活动的净氮输入，对特定流域生态补偿的实施结果进行估算，具体来说，选择数据包络分析中的 SBM 模型，以人类活动的净氮输入为产出之一，分析流域生态补偿项目资金的使用

效率。

根据研究思路，设计研究方法之后，制定本书的研究步骤，即技术路线（图1-1）。

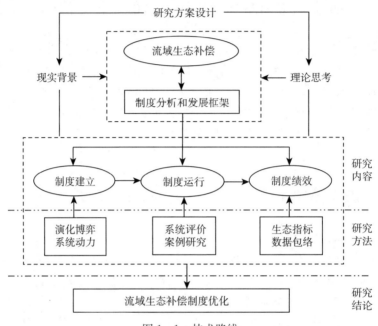

图1-1 技术路线

首先，通过对文献的理论思考，结合现实背景，明确本书的研究对象——流域生态补偿，在IAD框架中对其展开研究。

其次，依照"制度建立—制度运行—制度绩效"的分析逻辑和相应的研究内容，选择合适的研究方法进行分析。

最后，根据研究结果，总结流域生态补偿制度建立、运行和评估中的困境，寻求对策。

第四节 本章小结

流域生态补偿制度是有效解决跨界水污染问题、改善生态环境的重要制度保障。本章主要介绍了流域生态补偿目前在中国的发展情况——从流域生态补偿制度的初步尝试到全国的推广，以及流域生态补偿在中国生态文明建设中的定位与意义。本书的研究逻辑基于流域生态补偿建立、运行和评估，本章构建了流域生态补偿制度的分析框架，打破了以往研究只局限于生态补偿某一要素的研究视角，从更加全面的视角切入研究；并且提出了针对流域生态补偿的特定应用规则体系，在一定程度上丰富了现有理论体系；提出更贴近实际的流域生态补偿演化博弈模型，依此揭示了依照流域面积和实施成本选择不同的流域生态补偿制度的建立模式；不再将流域生态补偿绩效的评估标准局限于某一方面，而是从多维度考察一个流域生态补偿项目的实施结果，并且在县级尺度上计算了流域生态补偿项目资金的使用效率，可以对流域生态补偿的实践产生一定的指导作用。

起点：流域生态补偿研究缘起及方法

在当前经济建设、政治建设、文化建设、社会建设、生态文明建设五位一体、全面推进的重要时期，生态补偿制度——尤其是流域生态补偿——是深化生态文明建设的着力点。无论是实践还是理论，生态补偿已经引起国内外学者的广泛关注。现有文献中涉及生态补偿的内容十分繁杂，为了更好地梳理这些文献，本章结合奥斯特罗姆 IAD 框架，从外部变量、行动情境、评估准则 3 个方面对生态补偿的研究进行了综述①。这样分类梳理不但有利于了解已有的研究成果，而且更重要的是能够和本书分析框架的逻辑相呼应，为整体的行文奠定文献上的基础。

第一节　文献综述的研究领域

任何研究的起点都是文献综述，描述和反映研究相关的文献是一个从一般向具体发展的过程（费希尔 等，2005）。本章是有关流域生态补偿制度的研究综述，所以第一步需要确定适用于该对象的研究文献范围，图 2-1 显示了与本书研究相关的文献主题。

从图 2-1 中可以看出，有关流域生态补偿的研究主要集中在以下领域。

一、环境科学与资源利用

该领域引用量最高的文献是万军等（2005）的"中国生态补偿政策评估与框架初探"，他们在文中提出建立流域生态补偿体系的重要途径是对口援助、合作与补偿，以及水权交易与异地开发 3 种。其余引用较高的文献研究焦点都是生态补偿机制的思考与认识（李文华 等，2010；王金南 等，2006；欧阳志云 等，2013）。

---

① 按照补偿对象分类，流域生态补偿是生态补偿的一类，流域生态补偿制度既拥有生态补偿制度的共性也存在流域的特性。因此，本章中的文献选择以流域生态补偿为主，但也包括了一些对生态补偿理论的研究。

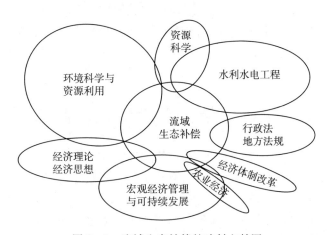

图 2-1　流域生态补偿的映射文献图

圆圈越大表示相关领域有关流域生态补偿的文献数目越多。根据中国知网的数据统计。

二、水利水电工程

该领域的文献多是运用不同方法和模型进行流域生态补偿标准的测算（刘玉龙 等，2006；周晨 等，2015；李维乾 等，2013）。

三、宏观经济管理与可持续发展以及经济理论和经济思想

从这两个领域开始，一些经济学方法进入流域生态补偿的研究，如博弈论（梁丽娟 等，2006），使用经济学视角看待流域生态补偿制度也逐渐受到重视（卢祖国 等，2008）。学者们分析市场在其中的关键作用（魏楚 等，2011），关注流域生态补偿利益相关者的利益冲突问题（涂大伟 等，2012）。

四、行政法及地方法规

该领域主要解决流域生态补偿制度的法学基础，包括秩序的价值观、公平与效率均衡的价值观、利益协调平衡的法律功能（赵春光，2008；王良海，2006）。

从图 2-1 也能看出，自然资源领域与经济制度领域鲜有交叉。奥斯特罗姆在其著作《规则、博弈与公共池塘资源》（2011）以及关于多中心治理的一系列论文中，提供了一种分析公共池塘资源的理论和方式，为分析公共池塘资源的可持续利用展示了一种新视角。奥斯特罗姆的理论将制度变量和自然变量

两个重要方面整合在一起，使之成为解决公共池塘资源困境的一种可能。因此，本书不同于一般的流域生态补偿研究，将流域生态补偿制度的各个要素整合在一起分析，关注流域生态补偿的规则和效果之间的联系，从多个维度进行流域生态补偿制度绩效的评估等，这些变化就是本书的主题。

第二节　IAD 框架：文献梳理的起点和依据

图 2-1 中展示了研究流域生态补偿的主要领域，当知道了文献的范围广度之后，可能对流域生态补偿的研究有一定的直观感受。但是由于义献范围很大，我们需要把文献范围缩小到 2～3 个领域，并找到这些领域里有助于分析流域生态补偿制度研究的关键文献。为了挑选与本书研究相关的重要研究，应用 IAD 框架的结构作为文献梳理的起点，它主要包括 3 个内容——外部变量、行动情境、评估准则，这 3 个内容也是之后章节对流域生态补偿文献分类的依据（图 2-2）。

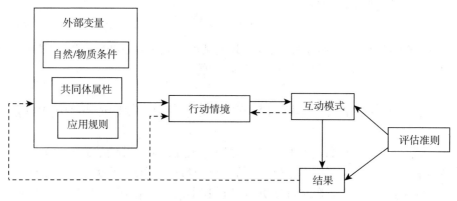

图 2-2　流域生态补偿制度分析与发展框架

(Ostrom，2010)[①]

在展开综述之前，有必要说明为什么选择 IAD 框架作为相关文献的分类依据。主要原因有二，一是该框架的天然优越性——既抽象又具体。IAD 框架足够抽象，能够从各式各样的案例中抽丝剥茧，找到更为普遍、核心的制度安排和应用规则，提供更为一般性的理论解释；它也足够具体，可以描述特定背景下的复杂细节，将研究内容从微观到宏观进行呈现。二是由本书

---

① IAD 框架在不同时期结构略有不同，区别在于"行动情境"是否单独成为一个组成部分，本书选择了 Ostrom 在 2010 年论文 *Beyond markets and states：polycentric governance of complex economic systems* 中修订过后的框架。

研究对象——流域生态补偿制度的特性决定的。中国的生态补偿制度实施过程多数是一种政策过程，涉及补偿主体的范围、补偿金额的确定、补偿方式的选择、补偿效果的评估以及监督和审计等方面，并且具有明显的层级特征。IAD框架既适合研究地方决策——例如解决资源用户在资源自治中的合作问题，也能扩大到国家层级的决策（Orach et al.，2016）。因此，IAD框架的优势和中国流域生态补偿制度的特性决定了使用IAD框架分析流域生态补偿的适用性。

一、IAD框架的内涵

IAD框架始于一系列可能影响行动情境的外部变量，在给定外部变量的条件下，行动情境内行动者会建立相互作用的模式以及在此模式下产生的可以用经济效率、再分配的公平、适应性或其他维度来评估的结果。产生的结果反过来作用于下一轮互动，甚至可以影响外部变量。

行动情境是指直接影响研究对象行为过程的结构。它能够分析一种制度对人行为及其结果的影响，是分析问题的基础和起点（李文钊，2016）。奥斯特罗姆认为行动情境由行动者、职位、行动、信息、控制、净成本和收益以及潜在结果7组要素构成。如果使用生态补偿的语言来说明以上7组要素，可以理解为：①行动者，即生态补偿利益相关者。②职位，生态补偿过程中各个行动者的相互结构关系，在生态补偿制度中，会有不同职位的利益相关者。③行动，即采取的行动，在生态补偿中，常常有契约、合同、规章制度等形式规定行动者必须采取或不能采取的行动。④信息，行动者对于资源本身的状况、其他行动者的成本和收益函数以及他们的行动如何积累成共同的结果等信息的了解情况，不同的行动者所掌握的信息完备程度不同，因而他们的决策选择会受到影响。⑤控制，行动者是否主动采取上述行动，是否与他人协商，即行动者对决策的控制层次。⑥净成本和收益，即行动所产生的成本和利益，如参加生态补偿后，对于某类利益相关者所带来的经济利益、社会利益或者环境利益；或者实施生态补偿需要付出的机会成本、监督成本、转换成本等。⑦潜在结果，采取行动后形成的结果，如生态补偿预期的目标、结果和带来的变化。

许多文献集中于3个外部变量的研究（Rudd，2004）——自然/物质条件、共同体属性、应用规则。1999年，奥斯特罗姆等发现物理属性对治理制度的制定具有重要影响，资源的基础规模和承载能力以及可开发资源的再生能力等将对行动情境起到很大的作用（Yasmi et al.，2007）。社区属性，如团体规模和异质性、对行动和状态的共同理解、社会接受的规范等，都会影响行动者的互动行为（Schneiberg et al.，2006）。由此，奥斯特罗姆确定了一系列

"应用规则"，即一系列正式和非正式的制度安排。在 IAD 框架内，制度被定义为一系列的规则，用来指导行动情境和行动者的互动模式（Ostrom，2005）。如图 2-3 所示，奥斯特罗姆从影响行动情境的角度将大量存在的规则分成 7 类，每组规则都与行动情境的一个要素相关（Ostrom，1986；2005）。根据奥斯特罗姆（2011）的定义，规则是"那些涉及需要、禁止或允许采取什么行动的行动者共同理解的强制性规定"。它用来决定谁可以在何种场合作出决策，何种行为是被允许的或者被限制的，何种信息必须或者禁止提供，个人的行为能够获得何种收益等情况。

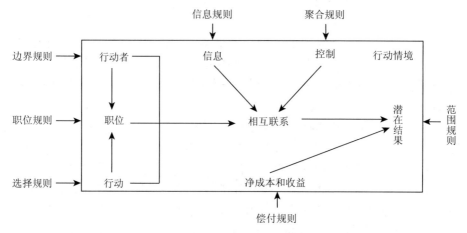

图 2-3　作为外部变量的规则直接影响行动情境内的要素

（Ostrom，2005）

IAD 框架不仅能对结果进行预测，而且能对可能实现的和已经实现的结果进行评估。奥斯特罗姆提出了一组评估标准：①经济效率，取决于与资源的分配或再分配相关的净收益流变化幅度；②融资均衡，以个体提供的努力和他们从中获得的收益为基础的公平或者以不同的支付能力为基础的公平，对于不同层级政府而言，强调不同层级政府的收益与付出要成比例（李文钊，2016）；③再分配公平，对较贫困的个体进行资源再分配；④问责制，就自然资源的开发和使用上，官员需对公民负责；⑤与普遍的道德水平一致，评价一组特定的制度安排产生的道德水平；⑥适应性，制度安排能否适应不断变化的环境（奥斯特罗姆，2004）。

通过以上对 IAD 框架组成部分的解释，可以发现，作为一个总体的结构框架，它不仅有助于研究者提出问题，确定相关变量，而且还可以为研究者提供适用范围更广的语言——即经济学家、社会学家及其他科学家们都可以使用的理论语言（谭荣，2008）。IAD 框架所建立的统一模式是描述制度、人类社会和自然资源利用之间关系的"语法"，已经广泛影响了多样问题的分析思路。

二、IAD 框架的应用

IAD 框架是奥斯特罗姆及其同事们从上千个公共池塘资源治理案例中整理并逐步发展起来的（Ostrom，2010a）。它作为一个多学科工具，能够在多层次的分析框架下对公共物品和公共池塘资源进行政策研究（Rudd，2004），不仅有助于确认制度分析中需要考虑的要素以及它们之间的关系（Ostrom，2005），而且不包含任何规范性偏见，不会先经验地假定一种制度安排比另一种制度安排更好，旨在帮助学者为特定的研究问题选择最相关的层次（Munger，2010）。它最初应用于大都市公共服务研究（Ostrom，1973），由于 IAD 框架与其他社会科学理论和框架的广泛兼容性（Ostrom et al.，1994），后来研究扩大到很多领域，包括灌溉业政策（Kadirbeyoglu et al.，2015；Raheem，2014；Yu et al.，2016）、水资源管理（Brisbois et al.，2018；Ching et al.，2015；Heikkila et al.，2011；van den Hurk et al.，2014）、海洋治理（Fidelman et al.，2012；Li et al.，2016）、渔业管理（Imperial et al.，2005；Rahman et al.，2012；Rudd，2004）、森林与土地利用变化的联系（Clement et al.，2008，2009；Mehring et al.，2011；Nigussie et al.，2018）、牧场管理（Dong et al.，2009）、湿地政策（Arnold et al.，2013）、自然保护区政策（Rastogi et al.，2014）。贯穿各个研究的共同主题是：IAD 框架可以有效分析如何实现公共物品或公共池塘资源长期的可持续利用。该框架各个部分的研究亦有延伸与发展。

（一）行动者意愿角度的研究

刘珉（2011）以 IAD 延展模型为核心，认为除了外部环境和文化影响外，一方面林权改革中行动者的决策（意愿）要受到行动者状况、条件控制、净收益以及行动者对这些状况的感知程度等信息的影响；另一方面受到行动者行动前对最终实际结果了解程度的影响。何凌霄等（2017）基于 IAD 框架分析了制度规则、干群关系及二者相互作用对农户管护意愿的影响，表明制度规则和干群关系能够影响集体行动中的信任与合作，进而破解管护行动的困境。谭江涛等（2018）基于 IAD - SES* 组合分析框架，对 2004 年底楠溪江渔业资源多中心治理变革过程进行了动态制度分析，并检验多中心治理变革的效果是否

---

* SES 是社会—生态系统，Social-Ecology Systems 的简称。——编者注

符合多中心理论预测。Coleman 等（2009）运用 14 个国家 100 个森林的数据研究社区林业管理中的监督与惩罚影响因素，依据 IAD 框架设置关键变量，涵盖行动者属性、客观环境、社区属性以及制度规则等 IAD 框架的要素，得出制度因素是参与林业监督与惩罚意愿的重要决定因素。

（二）外部变量影响行动情境的路径

衡霞等（2018）构建了地方政府农业供给侧改革风险防范制度分析与发展框架，并对该框架中的外部变量与行动情境及互动关系进行了解释。Raheem（2014）采取访谈调查的方式，从客观条件、群体特征和制度特征 3 个方面构建 IAD 分析框架，来分析水渠灌溉这种农户共同使用的准公共物品的治理情况。

（三）IAD 框架在制度结构上的应用

冯朝睿等（2018）从 IAD 框架中的外部环境、行动情境、相互作用、评价准则四个要素建立 IAD 嵌入式精准扶贫影响因素的分析框架，进而构建"主动协商型扶贫的精准扶贫新模式"。王雨蓉等（2016）基于 IAD 框架对政府付费生态补偿利益关系进行系统逻辑整合，分析其中利益冲突产生的原因并提出协调对策。Ananda 等（2013）以澳大利亚北部为案例，使用 IAD 框架分析该地区水域管理的多层制度结构。还有学者借鉴 IAD 框架来理解正式制度安排和社会认知系统之间的动态反馈联系，解释个体在行动情境中的认知习惯（Levänen et al.，2013）。

可见，很多制度的描述和分析，都可以使用该框架表达清楚。从总体上看，IAD 框架被成功地用于分析许多新的议题及领域（吴一洲，2009），包括公共政策、社区发展、资源配置、公共服务及利益相关者意愿研究等方面，尤其是对制度进行不同程度的创新来创造和提供公共资源方面的研究。

第三节 行动情境：IAD 框架要素在流域 生态补偿中的塑造

大量的流域生态补偿文献都可以看作是对于流域生态补偿中"行动情境"的研究，也证明了奥斯特罗姆（2004）认为确定行动情境最为重要的观点。如图 2-3 所示，行动情境包括"偏好"、一定的"信息处理能力"和"选择标准"等，拥有"资源"的"行动者"在自己的"职位"上按照其掌握的"信息"在各类"行动"之间作出选择。而且，这些行动连接着"潜在结果"以及与行动和结果相关的"净成本与收益"。这些要素构建出来的行动情境具有近似无限的多样性（奥斯特罗姆 等，2011）。流域生态补偿中，利益相关者的界定（"行动者"）、补偿模式的选择（"职位"）、补偿具体措施（"行动"）、补偿标准的测算（"支付"）、补偿主体参与程度（"控制"）、委托代理关系（"信息"）、补偿预期目标（"潜在结果"）等问题充满了活力和创新性，也是流域生态补偿研究领域的主要内容。

流域生态补偿参与主体的行为特征一直是研究热点，这部分有两个关键内容，即主体界定和行为特征分析。研究方法主要是利益相关者分析与相关调研等。通过对特定流域利益相关者的需求与意愿进行实地调研，了解他们的生态补偿诉求（郝春旭 等，2019），识别生态补偿利益相关者的类型、属性、特征和原因（龙开胜 等，2015）。在讨论流域生态补偿利益相关者及其利益的基础上，提出在特定阶段一些有着类似利益诉求的个体可能结成利益相关者联盟，兼顾并区分利益相关者独立个体和联盟成员的身份（马莹，2010），依靠多元补偿主体，分担一个共同的流域生态补偿量，通过协同运作，实现多渠道补偿（郑云辰 等，2019），设计多元化的流域生态补偿制度，从而提高生态补偿的效率。在国外，非政府组织也是一个很重要的流域生态补偿参与主体。根据对美国尤金市流域中土地所有者的调查，非营利组织被视为设计和实施可行的流域生态补偿计划的必要条件（Bennett et al.，2014）。

因生态系统服务的购买者是否为直接使用者流域生态补偿可分为两种类型，如图 2-4 所示。用户直接向提供者购买生态系统服务的流域生态补偿是科斯型，比如法国威泰尔（Vittel）矿泉水公司水源地补偿、浙江东阳—义乌水权交易；另一种是庇古型流域生态补偿，即政府代替用户付费给提供者，比如英国流域敏感农业计划、福建九龙江流域生态补偿。两种类型的流域生态补偿在中国均有实践案例，且大多数属于庇古型。虽然在很多时候科斯型可能比庇古型更具有成本效益（Ferraro，2002），但是当科斯型与政策组合的时候也可能发挥强大的效应（Sattler et al.，2013）。很多学者主张中国的生态补偿由政府主导向市场主导演进（黄顺魁，2016；李萌，2015），由此引出的生态资源资本化等问题将成为未来研究的重要方向（宋马林 等，2016）。需要推动流域生态补偿市场化体系构建（奚宾，2016），探索多元化补偿方式（张晏，2016）。虽然市场很重要，但是政府在流域生态补偿中的角色和地位依旧十分关键（Fauzi et al.，2013），是生态补偿宏观政策的制定与调控者、生态补偿管理秩序的维护者、良好生态环境服务的提供者，以及社会利益的再分配者（潘佳，2016）。因此有学者提出将水排污权交易市场当作对现有流域生态补偿机制的补充，形成"政府宏观调控为主导、市场机制有效补充"的协同模式（肖加元 等，2016）。总之，不管选择什么模式，都需要合理界定政府和市场的作用。

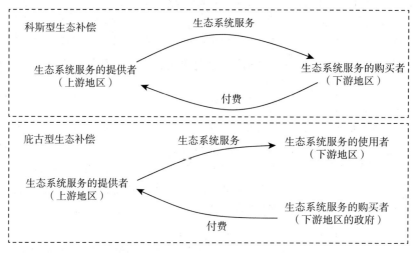

图 2 - 4　两种类型的流域生态补偿

目前国内外有很多流域生态补偿的实践，各个实践都有其具体的补偿规定。Huber-Stearns 等（2015）考察美国西部 11 个州的流域生态补偿的管理干预措施，包括：通过土地管理以恢复与保护土地生态功能、通过雨水管理以解决水径流污染、通过农业管理以解决水质问题、通过运营管理来实现废水设施的技术升级等。在印度尼西亚龙目（Lombok），处于流域上游地区的农民可以通过种植树木和保护水资源来获得补偿。资金来自流域的下游用户，用户每月固定支付费用约 0.10 美元。虽然该流域生态补偿措施相对简单，但是它是在对当地居民的支付意愿进行调查和对话之后才建立的，这些措施促进了生态补偿计划初始设计的建立，增加了参与该计划的利益相关者之间的信任感（Fauzi et al.，2013）。因为国外的实践先于中国的实践，国内很多研究尝试通过借鉴国外实践经验来设计符合我国国情的流域生态补偿。罗小娟等（2011）根据德国、美国、法国、哥斯达黎加等地区的流域生态补偿实践提出在太湖流域实现多地区—多主体—多层次的生态补偿。国内也存在较为成熟的流域生态补偿试点做法，可以对其他地区提供启发（杨爱平 等，2015）。马忠玉和刘策（2015）认为借鉴皖、浙两省建立新安江流域跨省生态补偿机制试点的经验，陕、甘、宁 3 个省（区）可以在泾河流域建立相似的保护模式。李建和徐建锋（2018）依据长江经济带水流生态保护补偿的实践，横向对比各省市的补偿范围、补偿基准、考核标准等，提出长江经济带水流生态补偿总体框架。

流域生态补偿标准一直是生态补偿研究领域的难点和热点。虽然说生态的自然价值超越了金钱数字，甚至无法衡量（Wunder，2013），但是在生态补偿中必须要给生态系统服务一个"价格"。一般情况下，生态补偿标准的测算方法由生态系统服务的经济价值和生态价值确定。有学者结合生态受益者的获利角度和生态系统服务的价值这两种角度提出，基于流域生态补偿主体享有的生态系统服务价值进行补偿分摊（王奕淇 等，2019）。但是学界有一个普遍接受的观点，生态系统服务的生态价值可以作为生态补偿标准的理论上限，但很难成为实际的生态补偿标准，实际操作的标准以机会成本为主（秦艳红 等，2007；李晓光 等，2009）。因此，测算生态补偿中成本投入的方法层出不穷，如机会成本法（胡振通 等，2017；张婕 等，2013；李国平 等，2015）、条件估值法/支付意愿法（许罗丹，2014；靳乐山 等，2012；王一超 等，2016；李国志，2016）、费用分析法（李芬 等，2016）、多层次补偿标准（王晓玥 等，2016；谭秋成，2014）等。方法的不统一导致，即使是同一案例的生态补偿标准核算数额也可能存在巨大的差异。可以说，生态补偿标准的测算方法一直存在明显的分歧（李国平 等，2013）。

流域生态补偿主体参与意愿的影响因素是研究生态补偿可持续性的一个角度。补偿主体的参与意愿是多种因素影响的结果，受教育水平、收入水平等因素与生态补偿意愿具有显著的正相关关系，性别也会影响参与意愿，研究表明，女性居民参与生态补偿的意愿更强（葛颜祥 等，2009）。但流域生态补偿中农户是主要的参与者，参与意愿的核心在于如何最大化地获取经济利益（苏芳 等，2011），生计是农户最重要的考虑因素。农户参与岗位类生态补偿项目也有助于生态补偿实现减贫的目标（杜洪燕 等，2017）。而且流域上游企业参与生态补偿的意愿没有得到应有的关注，研究表明，其实企业的参与意愿较高，特别是生产用水量和排污量较大的行业倾向于参与流域生态补偿（陈艳萍等，2018）。相较于国外研究，国内缺少对流域生态补偿参与主体决策行为的关注，即参与者是否有能力、有途径参与流域生态补偿的决策中。巴西是由国家水务局监督水资源政策并管理用水许可证，但大多数管理决策都是与州政府机构一起进行的。1997年，巴西建立了流域委员会和地方水资源管理机构来共同管理水资源，每个流域委员会由政府代表（州或联邦，取决于特定流域的管辖范围）和民间社会代表和利益相关者（比如土地所有者和用水户）组成。这些委员会共同决定如何分配水、实施新的发展项目、仲裁利益相关者之间的冲突和实施污染控制限制等事项。虽然国家级行动者仍然对水管理产生重大影响，但这些委员会为地方一级的项目管理和实施行动者提供了发言权（Richards et al.，2015）。

信息不对称问题在流域生态补偿中普遍存在，这是影响生态补偿效率的关键之一。由于主要由提供者保护生态系统和提供服务，与其相关的投入成本信息将成为私人信息，如果这种私人信息变成共有知识，那么此时生态补偿标准的确立依据将十分简便（李潇 等，2015）。但是，实践中私人信息不会完全显现，这可能导致不完全契约的"敲竹杠"行为（李潇 等，2014）。因此已有的研究都一致认为，信息的完整度和透明度越高越有利于流域生态补偿的实施，生态补偿利益相关者需要投入时间和精力来理解和交流关于生态系统服务复杂的知识，并在设计生态补偿项目的过程中公开可能的信息，但这必然会带来交易成本的提高（Ribaudo et al.，2014）。因此对两者的取舍程度需要视具体情况而定。

流域生态补偿是一种多目标的政策工具，预期目标决定了补偿资金的分配、参与人群的选取和具体实施措施。目标主要包括：①转移供水，例如南水北调工程（俞海 等，2007）；②增加径流量，例如水力发电、运输（耿翔燕等，2018）；③减轻水污染，例如污水排放量减少（景守武 等，2018）；④精神、美学其他支持服务，例如旅游和生物栖息地（Brauman et al.，2007）；⑤社会，例如缓解贫困（朱烈夫 等，2018）。缺乏对流域生态补偿目标的精确定义可能导致选择了无法提供目标服务的区域（Campanhão et al.，2019）。

第四节　外部变量：自然属性、制度属性与文化属性的影响

对行动情境的探讨需要将物质世界的性质、共同体属性以及制度规则几个方面作为前提条件。流域的范围和水资源的特征对流域生态补偿的影响显而易见，流域生态补偿的省域差异明显存在（刘春腊 等，2014）。分析制度问题时，也必须深入思考和理解制度规则是如何与物质、文化因素共同影响行动情境的。

一、流域的自然属性对流域生态补偿的影响

（一）经济条件、开放程度与人口密度的影响

流域生态补偿不是一个静态工具，而会受到当地发展动态的影响。流域生态补偿的文献提到了经济增长对流域生态补偿的影响（Huang et al.，2009；Bösch et al.，2019），经济增长会对流域生态系统服务的需求和供应同时产生影响。从需求的角度来看，在不断发展的经济中，人们随着收入的增加对流域环境、水文服务等需求也会增加（Huang et al.，2009）。流域是我国优质生态系统服务和环境产品的重要产出区域，但是存在着以水资源价值为核心的生态产品与生态服务价值时空分布不平衡问题（曹莉萍 等，2019）。从供应的角度来看，经济增长，特别是第二、第三产业部门快速发展通常创造了更多的非农就业机会（蔡昉 等，2005），这意味着可以减少土地的机会成本，并使加入

流域生态补偿对土地使用者更具有吸引力。出于这两个角度考虑，经济增长可以促进流域生态补偿的产生，对其有积极的影响。

生态补偿自诞生以来就伴随着新自由主义思想（McElwee，2012；McElwee，et al.，2014），因为它是以市场为导向来解决流域环境问题（Muradian et al.，2010；Farley et al.，2010）。相反，具有政府干预传统的地区往往对流域生态补偿持怀疑态度，例如委内瑞拉反市场言论盛行，在与生态产品和服务有关的交易中，尤其是将水看作商品时阻力很大（Southgate et al.，2009）。所以在相对封闭的经济体中，带有市场机制内核的流域生态补偿可能是不合适的。

人是生态服务的供给主体，也是生态补偿供给的直接客体（穆怀中　等，2017），人口对流域生态补偿的影响体现在交易成本和付费水平上。如果流域生态系统服务提供区域的人口密集，那么流域生态补偿的交易成本将会很高，谈判和监督成本也将更加复杂（Wunder，2013）。如果下游地区是人口密度较高且经济发达的城市，那么为上游系统服务付费的可能性更高，支付的价格也可能更高（接玉梅　等，2014）。

（二）水量、水质、地形与森林覆盖率的影响

流域水量和水质通常被认为是与流域相关的生态系统服务主要内容（付意成　等，2014；陈艳萍　等，2018）。显而易见，在水资源短缺的地区更有可能建立以提高水量为目标的流域生态补偿计划（Brauman et al.，2007），流域生态补偿也更有可能出现在现存水质量问题严重并亟待解决的地方（Tallis et al.，2009）。

平坦的地形一方面会减少泥沙沉积，另一方面可用于建设水电大坝。因此，在坡度较大的流域，下游用户在流域生态补偿中会表现出更大的兴趣，尤其是那些为减少沉积物而设计的方案（Postel et al.，2005），但是建设水电大坝引起的水库泥沙淤积、水库淹没、工程占据、移民安置区建设、对珍稀濒危生物的影响、对重要文物古迹的影响、对水质影响及施工期和主要建筑材料生产的温室气体排放等多项负面影响，使流域生态系统为人们提供的多项服务减少了，需要尝试依靠流域生态补偿来解决（肖建红　等，2015；王敏　等，2015）。

森林砍伐通常会降低流域在水资源净化、调节地表水和地下水流量等生态系统服务的供应能力（Postel et al.，2005；李晓冰，2009；徐海量　等，2010），使流域环境更容易发生问题。因此，流域生态补偿的实施通常也会伴随着植树造林工程，尤其是在水源地（孟浩　等，2012）。此外，受大规模森林砍伐影响的地区也更有可能得到国际组织的资助，获得为当地流域生态补偿的

开展和启动提供的补贴（Stanton et al.，2010）。

二、制度属性与文化属性对流域生态补偿的影响

近年来，流域生态补偿的文献已经强调了制度环境①对资源可持续利用的显著影响。法律框架和产权制度是制度环境的两个重要属性（Klein，2000）。产权是配置自然资源的基础，确立适当的产权制度是任何生态补偿计划的先决条件（Fauzi et al.，2013；马永喜 等，2017）。产权安排对流域生态补偿，尤其是在改变土地利用方式上的影响不容忽视（王雨蓉 等，2015）。由于大多数生态系统服务具有公共产品性质，在产权安排上，既可以利用现有的私有产权改变生态系统服务的产权安排，也可以在不私有化环境及服务的情况下将生态系统服务产权化（propertize），创立新的制度安排（Farley et al.，2010）。在生态环境标准不可能被充分规定、生态环境保护与建设行为不可能被充分监督的情况下，应该让生态环境保护与建设者拥有生态资源的使用权、收益权、让渡权等权利（李潇 等，2014）。同样，一个清晰准确的法律框架对于成功制订和实施流域生态补偿计划也很重要，而起草不当的法案可能会阻碍流域生态补偿的实施（Greiber，2009）。因此具有良好制度环境的国家和地区在资源的可持续利用上表现也较好（谭荣，2010）。有学者把制度因素引入水资源管理后，对水制度绩效进行评价和影响因素分析，发现水行政绩效在水制度子绩效中水平最高，而且对水制度综合绩效影响最显著，而法律法规和政策对水制度综合绩效的影响不显著；在人口统计学特征及经济因素中，被访者的户口、职业和受教育程度对水制度综合绩效评价水平有显著影响（刘建国 等，2012）。

有意义的、公正的价值观（如责任）可以激励上游参与流域生态补偿（Bremer et al.，2018）。如果没有考虑当地社会文化的价值观，任何对生态系统服务强加的经济价值都不足以激励期望中土地利用行为的发生（Kumar et al.，2014）。对东江流域下游城市居民（主要是广东深圳居民）的问卷调查也展示了类似的研究结论，文化接近性对补偿意愿有明显的正向影响（陶建蓉 等，2018）。还有学者认为社会属性是跨行政区流域生态补偿的本质属性（肖爱 等，2013），经济性只是流域生态补偿社会属性的一个方面（廖小平，2014）。

---

① 关于规则的其他国外研究参考本书第六章第二节"二、一组特定的流域生态补偿应用规则"。

第五节　评估结果：流域生态补偿的有效性

生态补偿中生态系统服务交易的直接性使得它比一些综合保护计划更有效（Ferraro et al.，2002），有效性成为最常见的生态补偿评估准则[①]（Engel et al.，2008）。简单来说，"有效"的定义是，相比于没有实施生态补偿的情况下，生态补偿引起的生态系统服务的变化（Börner et al.，2017）。有效性主要由流域生态补偿的成本、基线和额外性、泄露等几个因素决定。此外，在评估流域生态补偿有效性时，社会公平也很重要（程臻宇 等，2015）。

一、流域生态补偿的成本

传统的经济学理论中，研究者们倾向于认为成本有效性是评估生态补偿有效的标准（徐晋涛 等，2004）。流域生态补偿的成本通常包括机会成本、保护成本和交易成本：机会成本是指生态系统服务的提供者在替代土地用途上实施保护活动时放弃的收益；保护成本指的是实施过程中需要付出的成本（Wünscher et al.，2008；何立华，2016）。除了以上两类成本，流域生态补偿中一个重要阻碍是生态系统服务交易中的高交易成本（Wunder et al.，2008），它的主要来源有测量和验证生态系统服务费用、合同谈判费用、监测和执行生态系统服务规定费用（Wang et al.，2017）。

计算成本对于评估流域生态补偿来说十分重要，尤其是由公共资金资助的生态补偿项目（Wunder et al.，2008）。生态系统服务提供者拥有的信息租金可能会大大降低计划的成本效益。生态系统服务的购买者没有关于机会成本和交易成本的完整信息，因此很可能对提供者进行过度补偿或者补偿不足（赵雪雁，2012）。在统一付款下，即使拥有关于参与者机会成本的完美信息，信息租金也会造成效率损失（除非它们是完全同质的）。因此，降低信息租金需要区分付款方式，以更好地匹配生态系统服务提供商的机会成本（Engel，2015）。例如，可以基于机会成本（如，生物、土地的物理特点）筛选合同或拍卖机制的代理（Ferraro，2008）。毫无疑问，这些方法在解决信息不对称和降低不确定风险同时，也会增加了筛选成本和监控成本，因此需要结合实际加

[①]　本节不用"效率"来评估流域生态补偿的原因是，"效率"本身就是一个既宏大又充满争议的领域。对于流域生态补偿的效率很难界定（Martin et al.，2014），但是与本书提到的"有效"存在一致性。有学者总结生态补偿的效率就是在一定的成本约束下，追求尽可能多的额外性，也就是追求每单位支付的最大生态系统服务（柳荻 等，2018），其实这也是一些学者认为的"成本有效"的定义（张志强 等，2012）。

以权衡（王清军，2018）。Claassen 等（2008）发现美国的保护储备计划使用环境收益指数（EBI）——一种收益成本指数，挑选目标土地是有效的。潜在的流域生态补偿参与者之间的机会成本异质性越大，从差异化补偿中获得的有效性收益就越高（Wünscher et al.，2008）。

实际的生态保护补偿标准，普遍以保护成本和机会成本为主（段靖 等，2010），它的经济学基础可以通过图 2-5 来理解。运用新古典经济学的厂商边际分析可以合理确定流域生态补偿标准。首先，将流域生态系统服务的提供者看作一个生产单元，并与新古典经济学理性人假设一致。MC 表示生产单位进行流域生态系统服务的边际成本，MR_1 表示提供者进行生态补偿获得的生态系统服务边际收益，MR_2 表示社会获得的生态系统服务边际收益。因为该提供者是理性的，按照边际成本＝边际收益的原则，他会在 A 点停止提供生态系统服务，此时达到生产者均衡，但是 Q_1 低于社会均衡 B 点。流域生态补偿的目的之一是让生态系统服务的产量由 Q_1 增加到 Q_2。这一过程中，流域生态系统服务的提供者增加的成本是四边形 ABQ_2Q_1 的面积，但增加的收益是四边形 ACQ_2Q_1 的面积，显然这一行动对于一个理性人来说是不会进行的。所以需要对提供者因为提供生态系统服务而增加的成本——三角形 ABC 的面积——进行补偿。这就是基于成本确定补偿标准的经济学基础。山东南水北调中线黄河以南及淮河和小清河流域便是采用这一方法确定的补偿标准（董战峰等，2014），但这种核算方法存在较大的市场风险（李云驹 等，2011），因为经济作物和产品的价格受市场影响较大，从而机会成本的核算在不同年份可能差距很大。

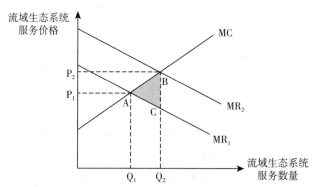

图 2-5 流域生态补偿确定补偿标准的经济学分析

二、流域生态系统服务的产生

讨论流域生态补偿是否产生了生态系统服务需要引入两个重要的概

念——基线（baseline）和额外性（additionality）。基线是指一个地区没有实施生态补偿的情况下生态系统服务的变动趋势，它是衡量生态补偿额外性的基础。只有确定了基线，才能得知实施生态补偿产生了多少生态系统服务，即额外性，是指在没有采取激励措施的情况下，生态补偿相对于生态系统服务基线所获得的净生态效益（Wunder，2005）。

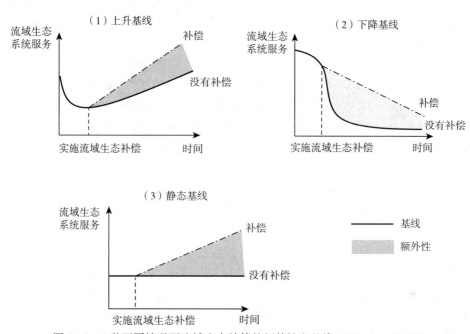

图 2-6　3 种不同情况下流域生态补偿的额外性和基线（Wunder，2005）

Wunder（2005）给出了 3 种情况，分别是上升基线、下降基线和静态基线，如图 2-6 所示。当一个地区的流域生态系统服务在没有补偿的情况下会不断增加，那么应当采取上升基线；反之，采取下降基线；当一个地区的流域生态系统服务在没有补偿的情况下保持恒定不变，那么应该选择静态基线。基线的选择决定了额外性的评估。如果本该选择上升基线却选择其他两种，则额外性被高估。如果本该选择下降基线却选择了静态或者上升基线，则额外性被低估。基于对基线的判断，流域生态补偿计划制订者可以推测这些补偿能否增加生态系统服务的提供。缺乏额外性是造成生态补偿计划无效的常见原因（Naeem et al.，2015）。目前，中国流域生态补偿多以上下游相同的水质标准为基线（李齐云 等，2008；王玉明 等，2017），采取下降基线估算额外性。

三、生态系统服务的泄露

泄露（leakage）指参与生态补偿之外的区域直接或间接受到生态补偿措施带来的负面影响。泄露可能发生在当地层面，如生态系统服务的提供者为了保护合同下的一块土地而去开垦另一块不在合同之内的土地；也可能发生在更加广泛的层面，生产生态系统服务的压力转移到生态补偿未涵盖的地区（Wunder et al.，2008）。因为市场更容易转移稀缺商品的价格信号，所以比较常见的泄露途径是通过市场效应，即限制某一流域的水产养殖导致了相关水产品数量减少、价格上涨，那么可能会增加其他流域的水产养殖业。还可能通过劳动力市场，因为生态补偿很可能会减少一些当地居民的就业机会，那么这些居民可能脱离生态补偿的区域边界转而去别的地方工作，使用和原来一样的土地利用方式，而这种方式可能是不好的，导致别的区域土地功能退化（Börner et al.，2017）。

四、其他社会结果

评估流域生态补偿，有一个绕不开的话题——公平。效率和公平之间的权衡不仅是经济学难以解决的问题（汪丁丁 等，2006），也是生态补偿评估系统面临的问题和困境之一（徐建英 等，2015）。因为生态系统服务提供者与贫困地区之间经常存在高度的空间相关性（Pagiola，2008），所以流域生态系统服务产生与环境贫困之间的权衡关系非常常见（Rodríguez et al.，2006；Persha et al.，2011）。有学者认为很多实践过多关注减贫而忽略了生态系统服务的稀缺性，但生态补偿首先被视为一种提高自然资源管理效率的工具，缓解贫困、促进公平仅被视为副效应（Pagiola et al.，2005）。矛盾的是，另一些学者认为生态补偿更多关注生态系统服务功能的提升，忽略了其对当地居民福祉的影响及其反馈关系（郝海广 等，2018）。如果仅将效率作为首要目标，那么不仅有悖于生态系统服务概念提出的初衷，而且在生态保护实践适用范围和作用发挥上都将受到一定限制（Muradian et al.，2010）。但有些生态补偿项目的成功表明，可以实现"双赢"的结果。Ola 等（2019）通过审查全球 56 个项目，发现有超过一半的项目既达到了环境保护的目的，也有减贫的效果，发现"监测"生态系统服务对于实现"双赢"结果至关重要。所以打造流域的"发展共同体"，走地区发展公平与环境协调的路径是可以实现的（李志萌，2013）。

应当注意的是，公平具有许多方面，包括参与者在流域生态补偿决策中的控制力和影响力，是否认可参与者在生态补偿中的价值观和社会规范等（Pascual et al.，2014）。流域生态补偿虽然是经济类型的补偿，但是这种补偿也具有社会性和道德性，比如对水内在价值的生态补偿（屈振辉，2019）。如果在流域生态补偿制定和实施过程中忽视公平等相关问题，则会损害流域生态补偿中生态系统服务的可持续发展和成本有效性（李长健 等，2017）。所以，流域生态补偿的可持续问题也经常被纳入评估之中。可持续发展是生态经济的固有内涵和伦理判别原则，可以说生态补偿的经济伦理就是经济的可持续发展（郭升选，2016）。为了加强流域生态补偿的可持续性，应该明确考虑社会公平的多维方面，但这无疑会增加流域生态补偿的成本和复杂性。因此，有必要研究公平与流域生态补偿有效性之间的相互作用，来弄清在何种条件下关注公平会影响生态系统服务的增量（Pascual et al.，2014）。

第六节　本章小结

本章基于奥斯特罗姆提出的 IAD 框架对流域生态补偿研究进行梳理，发现已有研究在流域生态补偿主体、标准、模式、目标、有效性、评价体系等内容上均展开了丰富且有意义的研究，为本书开阔了研究思路并提供了有益的借鉴。多学科的研究视角和多元化的研究方法不断突破流域生态补偿的研究领域，但该领域仍有值得进一步研究的空间和价值。

首先，行动情境中的要素分散且又零碎地出现在各个研究中。虽然每个要素可以进行独立的研究，但是不利于分析流域生态补偿制度在建立和运行中的问题。需要从更为全面的视角将流域生态补偿的要素整合起来，理解行动者的行为逻辑和产生的结果。

其次，对于外部变量中应用规则的研究甚少，但是应用规则又可以影响行动情境中的所有要素。如果试图用某一种固化治理机制解决流域生态补偿里的种种问题，这对于健全和完善流域生态补偿制度是不利的。因此本章重点剖析流域生态补偿案例中应用规则的作用，希望能够得到一个较为清晰的流域生态补偿特定的规则体系。

最后，对流域生态补偿的评估需要从多个维度进行是普遍达成的共识，但是选择哪些评价维度却悬而未决。本章试图将生态指标、经济效率和规则评估结合起来，讨论一个具体的流域生态补偿项目，从 3 个维度评估流域生态补偿的制度绩效。

解释：从概念到理论的流域生态补偿

概念的明晰是为了说明本书哪些要素与流域生态补偿制度特别相关，理论的提出是作出与这些要素和问题相关的一般性假设的基础。因此，本章首先对流域与生态系统服务、生态补偿与流域生态补偿、制度与规则 3 组重要概念进行必要的界定与阐述。然后在此基础上讨论每组概念适用的理论基础。最后提出本书研究主题与概念和理论之间的层次关系。

第一节　重要概念界定

一、流域与生态系统服务

（一）流域

流域（watershed）是指一条河流（或水系）的集水区域（邓红兵　等，1998），包含了人口、环境、资源等基本元素，各个元素在时间和空间上通过投入产出链有机组合在一起，构成一个开放的系统（罗跃初　等，2003）。流域通常被看作一个具有双重意义的概念，它既是由分水岭所包围的限定地理区域，又是以水资源为主的重要社会单元（陈湘满，2002）。由于流域生态系统内不同水体和干支流水系之间存在密切的物质、能量交换和相互作用，这使得系统内不同生态地理单元之间的相互联系密不可分（陈利顶　等，2002）。流域成为众多科学领域的一个基本研究对象，其特质在于以下几点。

1. 开放性

流域是一种开放型耗散结构，内部子系统间相互协同配合，同时，系统内、外进行着大量人、财、物、信息交换，具有很大的协同力和促进力，是一个由社会-经济-自然生态系统组成的开放复合生态系统（王勇，2008）。

2. 整体关联性

流域是整体性极强、关联度很高的区域，流域内上中下游、干支流、各地区间的相互影响极其显著（赵银军　等，2012）。流域内任何局部的开发和社会活动，都要考虑流域整体利益，考虑给整个流域带来的影响和后果。

3. 层次性

依照流域的地理范围可以划分为 3 个层次：宏观层次的流域经过多个国家，比如欧洲的莱茵河流域；中观层次的流域跨越一国若干省级行政单位，大部分流域，如长江、黄河流域等都属于这一层次；微观层次的流域仅贯穿一国某一地方行政区域，有的流域和行政区域高度重合，比如赣江流域是长江八大支流之一，南北纵贯江西省，江西省内流域面积占赣江流域总面积 98.5%（长江水资源保护科学研究所，2013）。

本书将研究对象限定为中观层次，即跨省流域生态补偿。选择的理由是，宏观层次的流域生态补偿涉及多个主权国家，分析的难度高，除了需要运用公共管理相关知识之外，国际关系理论甚至国际贸易等相关理论也是不可或缺的。而微观层次的流域生态补偿由于仅贯穿某一地方行政区域，其上下游的利益关系不涉及难以处理的行政区和流域区割裂的问题，实际操作中建立此类流域生态补偿制度也较为容易。当然，本书中研究的开展可以对宏观层次和微观层次的流域生态补偿方面的研究产生一定程度的借鉴和启发作用。

（二）生态系统服务

1970 年，关键环境问题研究小组（Study of critical environmental problems，简称 SCEP）在《人类对全球环境的影响报告》中首次提出生态系统服务功能的概念（谢高地 等，2001），随后生态系统服务成为生态学、经济学、地理学等学科的热点议题（巩杰 等，2019）。由于国外表述方法不同，国内对其存在不同的译法（谢高地 等，2006），环境服务（environmental services）和生态系统服务（ecosystem services）没有进行严格区分，一般认为生态系统服务是环境服务的子范畴，用生态系统服务来描述来自自然生态系统的人类福利（Engel et al.，2008），更能有效揭示生态系统服务与人类福利之间的关系（王嘉丽 等，2019）。根据世界银行的报告（Stefano et al.，2002），生态系统服务包括（但不限于）：水文效益，控制水流的流量并保护水质；减少沉积，避免损坏下游水库和水道，由此保护水力发电、灌溉、娱乐、渔业和生活用水等用途；防灾，预防洪水；生物多样性保护。因此，生态系统服务可以定义为人类从自然生态系统以及物种提供能够满足和维持人类生活需要的条件和过程中，直接或间接获得的所有收益（巩杰 等，2019），由此生态系统服务的经济价值得到显现。Costanza 等（1997）估算了 17 项生态系统服务的经济价值，这成为研究生态系统服务领域被引用最多的文献之一。

流域是一个典型的复合生态系统，它是水资源主导的（敦越 等，2019），所以，对于流域尺度的生态系统服务应重点考虑以水生态过程为纽带的生态系统服务（陈能汪 等，2012）。识别水资源生态系统服务的方法主要有功能分类法和价值分类法，功能分类法主要根据产品功能、调节功能、文化功能和生命支撑功能对流域生态系统服务进行分类；价值分类法按照使用价值和非使用价值进行分类（张诚 等，2011；Millennium Ecosystem Assessment，2003）。由于生态系统本身的复杂性，两种分类体系都存在其合理性和局限性，在国内外也各有应用，如表 3-1 所示。但是，功能分类法的应用居多，因为生态系统服务的需求和供给取决于生态系统的功能（江波 等，2018），采取功能分类法更容易识别生态系统服务。

表 3-1　基于不同分类法的流域生态系统服务

国家	流域	分类体系	详细解释	文献来源
中国	太湖流域圩区	功能分类法	水源供给、产品供给、水量调节、水源储存、水质净化、气温调节、固碳释氧、滞涝能力、文化科研、生物多样性维持	闫人华 等，2015
	纸坊沟流域（黄土高原）	功能分类法	水土保持、水源涵养、碳汇和释氧、维持营养物质循环	张彩霞 等，2008
	纳木错流域	功能分类法	废物处理、水源涵养、气候调节、土壤形成与保护、生物多样性保护、娱乐文化	王原 等，2014
	千岛湖流域	价值分类法	使用价值：用水、水电、渔业、航运和节能、旅游休闲；非使用价值：地表水水资源调蓄、调蓄洪水、水质净化、固碳指标	相晨 等，2019
	渭河流域	价值分类法	非使用价值：水土保持、水资源管理、生态安全程度等	史恒通 等，2015
尼泊尔	Phewal 流域	功能分类法	淡水供给、碳存量、泥沙沉积、栖息地提供、旅游	Paudyal et al.，2019
日本	Kushiro 流域	价值分类法	利益相关者对生态系统服务的主观价值	Shoyamaa et al.，2016

　　从表 3-1 中可以发现，虽然分类的角度不同、计算的方法多样，但是流域生态系统服务的重点都是水资源。因此，流域生态系统服务简而言之可以分为 4 个类型：水的净化（质量）、水的调节（时间）、水的提供（数量），以及与流域有关的文化服务，例如旅游娱乐或是保护生物多样性的用途（Engel et al.，2013）。本书讨论的流域生态系统服务以水的质量为主，其他服务为辅。

二、生态补偿

(一) 生态补偿

生态补偿的国际名称是生态系统服务付费或环境服务付费（Payment for ecological/environmental services，简称 PES），是一种将生态环境价值转化为现实数据的激励方式（Engel et al.，2008）。生态补偿在文献中存在着各种定义，其中被学者普遍接受的开创性定义来自 Wunder，他认为，生态补偿是生态系统服务购买者从服务提供者处购买明确定义的生态系统服务（或者获得该服务的土地使用方式），附带条件是当且仅当提供者确保生态系统服务可以提供（条件性），并且付费是自愿的（Wunder，2005），其他定义则广泛得多（Muradian et al.，2010），还出现了对"规范生态补偿"和"类似生态补偿"计划的细分（Sattler et al.，2013）。在生态补偿概念提出的 10 年后，Wunder 对出现的争论进行了回应，比较了其他生态补偿概念的异同，也重新修正了自己的定义（Wunder，2015）（图 3 - 1）。

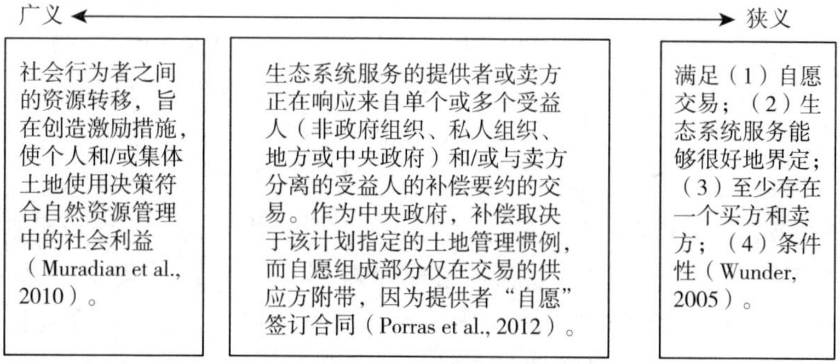

| 广义 ←——————————————————————————————————→ 狭义 |

| 社会行为者之间的资源转移，旨在创造激励措施，使个人和/或集体土地使用决策符合自然资源管理中的社会利益（Muradian et al.，2010）。 | 生态系统服务的提供者或卖方正在响应来自单个或多个受益人（非政府组织、私人组织、地方或中央政府）和/或与卖方分离的受益人的补偿要约的交易。作为中央政府，补偿取决于该计划指定的土地管理惯例，而自愿组成部分仅在交易的供应方附带，因为提供者"自愿"签订合同（Porras et al.，2012）。 | 满足（1）自愿交易；（2）生态系统服务能够很好地界定；（3）至少存在一个买方和卖方；（4）条件性（Wunder，2005）。 |

图 3-1　生态补偿的典型概念

大量文献将生态补偿描述为市场或"类市场"的工具（张晏，2017；Kroeger et al.，2007）。这一概念得到了以下研究的推动：首先，使用市场术语定义和描述生态补偿是强调在受益者和服务提供者之间"买卖"生态系统服务的机制（Wunder，2005）；其次，强调少数私人水资源治理计划——如法国威泰尔流域保护项目[①]。但是，即使基于市场的生态补偿是可行的，也并不意味着它们是可取的，因为此时生态系统服务的价格是通过购买力（一货币单位一

[①] "法国威泰尔流域保护项目"是雀巢公司的流域保护计划，从 1993 年开始，该项目通过支付流域内所有 27 名农民，让他们采用合理的奶牛养殖方法，包括放弃农用化学品、减少动物种群等做法，以保持流域的水质能达到最高标准，1993—2000 年总成本约 2 500 万美元（Wunder et al.，2008）。

票）来权衡偏好。当一项服务是必不可少且不可替代的时候，如果购买力的分配极不平等，那么市场就倾向于为富人提供这项服务（Farley et al.，2010）。随后出现了大量文献，其中市场环境保护主义者认为生态补偿的优点是，它能够反映提供公共产品的成本效益机制，而来自不同思想流派的反对者经常将这种类似市场的框架视为理所当然并作出回应，将生态补偿描绘为"新自由主义保护"的工具，扩大了围绕生态补偿的市场话语权（Wynne-Jones，2012）。

虽然生态补偿已经过多年的实践运作和发展，但是其中大部分不能满足市场交易的条件。现实是，绝大多数的生态补偿都是由各个国家或地区根据其公共政策监管框架进行的，如哥斯达黎加、墨西哥、厄瓜多尔、中国的生态补偿项目，以及美国和欧洲的农业环境支付（王雨蓉 等，2015）。在大多数生态补偿中，生态系统服务无法被很好地界定（Farley et al.，2010），交易不完全自愿（王小龙，2004），或者没有条件验证额外提供的生态系统服务（Naeem et al.，2015）。在这些情况下，生态补偿的资金来源是政府税款或财政转移支付，补偿标准主要基于机会成本和与利益相关者的谈判结果。而且运营这些资金的机构也主要是公共机构，公共资金参与生态补偿的比例达到 90%（Vatn，2015）。这些研究和数据表明，生态补偿在实际操作时与私人利益驱动的行动者以理想化的科斯方法描述的使用低成本保护生态系统的市场机制相去甚远。虽然世界范围内很多生态补偿案例并不符合 Wunder 在生态补偿定义中所列举的标准，但是 Wunder 对生态补偿的理解仍然被学术界认为是生态补偿的主流定义。

尽管如此，各个学者对"生态补偿是一种激励机制而不是惩罚机制"这一点的意见基本上是统一的，生态补偿应当遵循"受益者付费原则"，而不是"污染者付费原则"。中国在生态补偿定义上的探讨也经历了一段漫长的时间（毛显强 等，2002）。从最初的对环境的罚款到目前的对生态服务价值的购买、对发展权限制的补偿等，生态补偿的概念和内涵的发展经历了从环境管制到环境经济的过程。不同学者对生态补偿概念和内涵的理解也不同（毛显强 等，2002；万军 等，2005），其中一个分歧是污染治理及排放收费是否属于生态补偿。目前，这个问题已经得到解决，在中国近几年的研究论文、政府政策文件中，对"生态补偿"的措辞均改为"生态保护补偿"（靳乐山，2019），意在表明污染治理类型的付费不再属于生态补偿的内涵[①]。

综上所述，生态补偿是一种经济激励机制，让生态保护的受益者支付相应

---

① 考虑到"生态保护补偿"是近两年才广泛提出的，为了与之前研究论文采用名词的一致性和通篇语言的简练性，本书中并不使用这一名词，而继续使用"流域生态补偿"，但是内涵均指流域生态保护补偿。

的生态补偿费用，使生态保护者得到补偿，达到激励人们保护生态环境的目的（Mishra et al.，2012），其本质是通过制度安排激励使用者付费，促使提供方实施有利于全局、整体和长期利益的行为，以实现生态系统服务的可持续利用。

（二）流域生态补偿

水资源作为流域上下游的纽带，使上下游流域相互联系、相互影响、相互制约（陈利顶 等，2002）。非排他性和使用上的竞争性使流经不同行政区域的流域水资源在使用和分配中很容易产生争夺的情况，产生上下游的利益矛盾，导致流域生态环境的恶化（张志强 等，2012）。自古以来，江河流域都存在着"上游受益，下游损失；上游损失，下游受益"的现象，上游地区为追求经济利益对流域进行破坏，将成本转移到下游，形成负的外部性；或是上游地区投入资金对流域进行保护，而下游地区无偿享用着上游地区的保护成果，这便存在着"搭便车"问题（孔凡斌，2010）。流域生态补偿的实质在于将流域生态保护的外部性"内部化"，解决"搭便车"的问题，让流域资源的私人收益不凌驾于社会收益之上，让治理流域的社会成本转化为私人成本，并以合理有效的激励或约束机制协调流域上下游的利益关系，履行生态保护的职责（韩秋影 等，2007）。

流域生态补偿是以流域生态系统服务为主要补偿对象的生态补偿，也有学者（成小江 等，2018）认为流域生态补偿就是生态补偿在流域上的运用，所以生态补偿的概念适用于流域生态补偿。对于流域生态补偿而言，交易的自愿性受到了质疑，因为在实践中，许多流域生态补偿受公共部门干预（特别是在省级或国家层面），公共部门代表用水者担任购买者，水资源的用户不一定直接付款（Bennett et al.，2014）。为了此研究能够更好地服务实践，本书遵循了 Porras 等（2012）和 Wunder（2015）修订的生态补偿概念，放宽了自愿性的标准。

三、制度与规则

（一）制度

当代经济学研究者大概都同意这一观点：制度很重要（董志强，2008）。对"制度"最早的近代学术研究源于社会学家涂尔干（E. Durkheim），之后社会学家凡勃伦（T. Veblen）将其引入经济学（汪丁丁，2003）。但制度是什么？在不同流派的经济学家眼中不尽一致。从表 3-2 可以看出，在制度研究中，它的定义各有侧重，但都是服务于相应的研究领域。

表 3 - 2　不同学派对制度的定义 [①]

学派	定义	关注的制度领域	主要代表学者
—	经济基础和上层建筑	社会、国家	马克思
芝加哥学派	规则、契约、激励机制	企业生产	科斯
"卡内基—梅隆"学派	交易费用	企业组织、合同契约	威廉姆森
新历史学派	一个社会的博弈规则，或者更规范一点说，是一些人为设计的、形塑人们互动关系的约束	产权、国家	诺斯
奥地利学派	扩展秩序和自由传统	秩序、立法	哈耶克
博弈论制度学派	共享信念	比较制度分析	青木昌彦
制度主义学派	权利的分配	资本主义权利结构的演变	加尔布雷斯
公共选择学派	规则的选择和在规则之下的选择	政府、选举制度	布坎南
—	一系列机制构成的集合	经济制度的均衡	赫维茨
印第安纳学派	行为规则、博弈规则	集体行动、公共事务治理	奥斯特罗姆

来源：根据杨瑞龙（1993）、汪丁丁（2003）、林岗等（2000）、杨立华等（2004）、迈尔森（2007）、韦森（2009）、罗影等（2019）等文献整理。

在这里并不深入讨论和比较各个概念的优缺点，已经存在很多经济学家关于该问题的研究（张旭昆，2002；Friel，2017），本书仅就书中研究的内容和目的来简述奥斯特罗姆关于制度的定义。关于制度，奥斯特罗姆（Ostrom，2009）认为，多样性（diversity）是制度理论的前提和基础，"理解制度，需要知道它们是什么？它们是怎样的以及为什么被创立和维持？它们在多样性情景中产生了什么结果？"所以，在奥斯特罗姆的理论框架下，制度带有一定"功利性"，是由规则、规范和策略等构成的概念。对于规范，指的是趋向于通过内部或外部强加的成本和诱导激励参与者自身来执行的共同规定。所谓策略，指的是在由规则、规范和其他人的行为预期等产生的激励结构下，由个体制订的系统化计划（奥斯特罗姆，2004）。

总而言之，奥斯特罗姆认为制度涉及许多主体，是现实中的隐形"博弈规则"，并能控制资源配置。可以通过一般性概念框架来研究制度，为不同学科、不同学者、不同领域、不同层次的制度研究提供沟通桥梁，实现制度研究的知识积累（李文钊，2016）。

---

① 表中未包含旧制度主义的观点。

（二）规则

规则，如同制度一样难以定义。人们在大多数情况下虽然频繁使用该词，但是并不会考究这些词语的内涵，想要给它下一个公认、准确的定义十分困难。可以说，有多少种"制度"的内涵就可以有多少种"规则"的概念。

哈耶克（1997）从社会演化的思想出发，认为规则本身是一种共同知识，社会成员通过遵守它来弥补理性的不足，从而尽可能减少决策的失误。分散的个体为追求自身利益最大化，互相作用形成彼此认同的规则，这种规则即"内部规则"，它在人们交往过程中自发产生的。当个体形成组织，通过组织获取更多的利益，组织内部通过命令－服从方式贯彻某种特定目的，形成的规则是强制他人服从的，也就是"外部规则"（周业安，2000）。诺斯（North，1991；1994）认为"制度是由非正式规则（道德约束、禁忌、习惯、传统和行为准则）和正式规则（宪法、法律、产权）"组成的。正式规则可用如下的，但不无重叠的分类来描述：①界定两人在分工中的"责任"规则，用新古典经济学的话说，就是为人们给出行动的目标；②界定每个人可以干什么和不可以干什么的规则，因为每个人追求以最小的努力换取约定的好处的行为可能会危害他人的利益；③关于惩罚的规则，约定违反②中规则要付什么样的代价。非正式规则可以看成在所有正式规则无法定义的场合起着规范人们行为作用的惯例或习惯（汪丁丁，1992）。

可以看出，哈耶克和诺斯对于规则理解最大的不同是，前者将规则视为自发演化的，后者认为规则是人为制定的，由此产生了关于制度变迁机制的争论（崔向阳，2005；林丽英 等，2018）。诚然，奥斯特罗姆的"规则观"是站在两位巨人的肩膀上，既保留了诺斯思想中正式规则和非正式规则的分类，并将其进一步细化和分层，也吸取了哈耶克思想里规则是众所周知的，可以由参与者自发形成并且能够在实际运行中影响参与者行为，成为其行为准则。

所有规则都是嵌入另一套规则中的，它的改变必须在较之高一层次上的"固定"规则中发生。通常情况下，更高层次上的规则改变需要的时间更久，更难以完成，代价也更高，所以根据规则行事的个体之间预期的稳定性也随之提高（奥斯特罗姆，2000）。首先需要理解参与者在决策中所用的指导性规则，也就是参与者如果被要求向一同参与的行动者解释和证明他们的行为时将会参照的一系列规则。遵从指导性规则会成为社会习惯，因为与规则相一致的行为会随着时间的发展而自动成为习惯（非正式规则）。其次，操作规则可以包括实际上的和法理上的规则。在一个法治体制下，法律框架会规定个体在多种不同具体条件下做出的决定，也就是说，在法治体系中形式上的规则和实际运用的规则是不会矛盾。但是，行动情境影响着行动者管理公共池塘资源时实际运用的操作规则。正式的和非正式的集体选择规则与由此导致的操作规则之间的关系如图 3-2 所示。

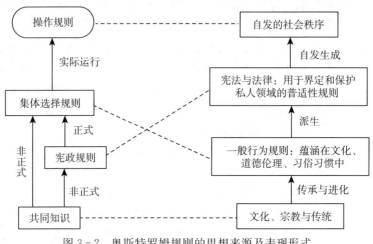

图 3-2 奥斯特罗姆规则的思想来源及表现形式

总之，在奥斯特罗姆对规则的解读中，所有规则都是人类试图通过创造等级（职位）以实现秩序和可预见性结果而创造的（奥斯特罗姆 等，2011）。在实际操作过程中的规则更为重要，规定了什么行动（结果）是必须的、禁止的、允许的以及不遵守规则会受到什么惩罚、制裁。

第二节 理论基础梳理

一、流域生态系统服务的相关理论

（一）公共物品理论

公共物品强调了商品的两个特征：非排他性和非竞争性。非排他性是个人不能被排除在通过消费该商品获益的范围之外。对于大多数私人产品，这种排他性事实上就是：如果我没有付费，我很容易就被排除在消费一个商品的范围之外。然后在某些情况下，这种排他性确实不可能或者成本高昂，比如国防，一旦计划得以实施，没人会被排除在受益范围之外，无论个人是否为此支付了费用。非竞争性就是增加商品消费的数量时，其边际社会成本的增加值为零。也就是说，对于某些商品而言，增加它的消费量并不需要再使用其他资源也不会减少他人的消费（尼科尔森，2008）。公共物品的存在使得人们发现市场机制并非万灵药，因为它无法有效配置公共物品。"搭便车"问题、排他成本问题、公地悲剧问题、融资与分配问题是公共物品资源配置的常见问题（沈满洪等，2009）。

公共物品是对经济物品分类后的一类物品，典型的分类方法是四分法。曼昆（2015）按照排他性和消费中是否存在竞争性，将物品分为私人物品、俱乐部物品、公共资源和公共物品。但是奥斯特罗姆等（2000）认为排他性和消费的共用性只是程度上的差异，不存在绝对的排他或彻底共用的东西。两种分类方式如表3-3所示。

表3-3 曼昆和奥斯特罗姆对物品分类

曼昆的分类		消费中的竞争性		奥斯特罗姆的分类		使用或消费的共同性	
		是	否			分别使用	共同使用
排他性	是	私人物品	俱乐部物品	排他性	可行	私益物品	收费物品
	否	公共资源	公共物品		不可行	公共池塘资源	公益物品

来源：根据曼昆（2015）、奥斯特罗姆等（2000）整理。

公共物品理论是生态补偿的理论渊源之一。流域生态系统服务具有公共物品属性，服务的受益者众多，具有较为鲜明的非排他性，但是使用上存在竞争性，按照奥斯特罗姆的分类，它基本属于公共池塘资源。流域生态系统和生态系统服务管理的复杂性在于，在许多情况下，使用一种服务或获得一种利益会影响其他服务的提供或其他利益的占用水平（除了服务本身的竞争之外）。例如，流域提供了淡水资源，淡水又可以用来灌溉作物、饮用和水力发电，在鱼类生产中也很重要。然而，当上游提取淡水资源的时候，不仅为下游提供的淡水资源减少，而且还可能影响渔业、生态系统稳定性、娱乐潜力和其他一些服务。

（二）水资源价值理论

价值论为经济学研究的一个核心，各学派莫衷一是，其中自然/生态资源是否有价值、价值形态如何体现也是见仁见智（谢高地 等，2001）。学术界在论证生态价值时形成了几种主要观点。①效用价值论。西方环境经济学家迈里克·弗里曼（2002）以福利经济学为基础，认为生态价值由它们在提高社会福利中的作用以及它们的稀缺性和有用性决定。因此生态资源的有用性和稀缺性是决定生态系统具有价值的基础。②劳动价值论。马克思从人类的本质劳动出发，把自然界理解为是与人的劳动紧密联系在一起的"现实的自然界"，是打上了人的烙印的"人工自然"，是主体参与其中的自然界（孙磊，2013）。将劳动价值论引申到生态经济系统中，生态价值就是指凝结在生态系统中的无差别人类劳动（李萍 等，2012）。③存在价值论。存在价值被认为是生态系统本身具有的价值（刘玉龙 等，2005），主要包括能满足人类精神文化和道德需求的部分，如美学价值等。存在价值论与前两种价值论最大的不同是，它承认没有使用价值的物品也有价值，即独立于物品的现期利用价值，是客观的（方巍，2004）。存在价值是介于经济价值与生态价值之间的一种过渡性价值，它为经济学家和生态学家提供了共同的价值观（欧阳志云 等，2000）。

水资源是重要的生态资源，是能够被人类开发利用并给人类带来福利、舒适或价值的各种形态的天然水体（沈大军 等，1998）。上述生态价值的论证同样适用于水资源，不可否认的一点是，水资源具有价值。但是在流域生态补偿的制度安排下，水资源的价值体现在它是否具有"经济"价值，能否成为一种商品进行交易，能否为其所有者带来利益。稀缺性、产权、劳动投入、使用功能是评价物品是否具有价值的重要条件（秦长海，2013），只有具备了上述条件，才能通过水资源价值连接流域生态补偿的买方和卖方，连接流域生态系统服务的使用者和提供者，实现其价值。

二、生态补偿的相关理论

（一）外部性理论

当经济当事人的行为以不反映在市场交易之中的某种方式影响另一个当事人行为时，就会产生外部性（范里安，2009）。外部性有正负之分，负的外部性说明存在边际外部成本，私人成本大于社会成本；正的外部性说明存在边际外部收益，私人收益小于社会收益。具体事例如表 3-4 所示。

表 3-4　基于不同分类的外部性事例

	正外部性	负外部性
消费外部性	观赏邻居花园	邻居凌晨 3 点大声放音乐
生产外部性	苹果园与邻近的养蜂者	倾倒在捕鱼区的污染

来源：整理自范里安（2009）。

在西方经济学中，外部性是用以解释环境问题的基本理论。忽略流域中的外部性问题就是认为水资源的开发利用及消费对社会上的其他人没有影响，但是在大多数场合中，无论是水资源生产者还是消费者的经济行为都会对社会其他成员带来利益或危害（赵春光，2008）。所以流域外部性主要是指通过流域地理要素——水的流动导致的生态环境外部性，流域的整体性和河流的流动性使得流域生态环境保护投入及其生态环境资源利用具有显著的外部性（徐大伟 等，2008）。构建流域生态补偿机制是实现流域外部性内部化的重要途径，生态补偿允许在经济评估中将环境外部性内部化，从而将生态系统服务纳入决策范围并成为补偿的基石，以确保能够维护环境质量（Bellver-Domingo et al.，2016）。

（二）可持续发展理论

20世纪末，世界环境与发展委员会发表《我们共同的未来》，系统地提出了"可持续发展"，将其定义为：既满足当代人的需要，又不对后代人满足其需要的能力构成威胁和危害的发展（世界环境与发展委员会，1997），标志着一种新的发展观诞生。可持续发展的两个内核是发展与限制。发展是满足人类需要和欲望，可持续发展要求满足全体人民的基本需要和给全体人民机会以满足他们要求更好生活的愿望。限制是能源、物资、水和土地的利用都要有个固定的限度，可持续发展要求在达到限度之前的长时期里，全世界必须保证公平地分配有限的资源和调整技术以减轻压力（世界与环境发展委员会，1997）。

可持续发展是经济增长的动力和保护环境的压力这样两种力量拉扯和博弈的统一，它具有浓厚的利益平衡色彩，要求既不能因为环境保护而扼杀经济发展，又不可为了经济发展而破坏人类的生存环境（赵春光，2008）。现代研究证明，生态服务功能是人类生存与现代文明的基础，科学技术能影响生态服务功能，但不能替代自然生态系统服务功能，维持生态服务功能是可持续发展的基础（欧阳志云 等，2000）。

可持续发展理论是流域水资源可持续利用的重要理论基础之一。如果说外部性理论更多的是思考微观经济环境与资源利用的关系，那么可持续发展理论则是着眼于宏观经济和整个人类社会以及后代的关系，实质上可以理解为，是外部性理论在时间上的延续与拓展。流域生态补偿应当基于可持续发展理论来建构与设想，对流域内的水资源及其他生态系统服务进行有效利用、可持续性利用，使后代人拥有和当代人同样的生存和发展环境。

三、制度与规则的相关理论

（一）产权理论

产权的概念起源于对外部性的批判，科斯在发表的《社会成本问题》一文中，运用交易成本阐述了解决外部性问题的分析方法，强调了权利界定和权利安排在市场交易中的重要性（Coase，1960）。"科斯定理"[①] 表明，当财产权有明确定义且没有交易成本时，无论初始产权如何界定，都可以通过市场交易

[①] 在没有交易成本的世界中解决合同问题的"科斯定理"并不是科斯自封的，而是斯蒂格勒在芝加哥大学讨论科斯文章的辩论会中命名的。科斯本人明确否认了在实际情况下交易成本可以忽略不计的想法。他要论证的是由于交易成本的存在导致了不同制度的不同经济效果（汪丁丁，1992）。

和自愿协商达到资源的最优配置。

产权本质上是由于稀缺物品的存在而引起人与人之间相互认可的行为关系和社会经济关系（Demseta，1967）。随着人们对生态环境问题的认识不断深化，产权理论被逐步引入并直接作用于生态环境管理领域（董金明 等，2013）。正如第三章第二节的"一、流域生态系统服务的相关理论"中"（二）水资源价值理论"所说，流域生态系统服务及其所依附的水资源具有价值，它们的价值构成了流域产权的客体。流域上下游利益相关者通过分配流域生态系统服务而形成相应的权利关系。所以为什么要实施流域生态补偿？归根结底，最根本的原因在于生态系统服务及其所依附的资源具有独特的产权特性，从而导致生态效益及相关的经济效益在相关各方之间的分配有失公平（何立华，2016）。

产权理论对流域生态补偿的启示就是，要界定好流域水资源上所有的权利，以及超越权利范围所应承担的责任。针对不同利益主体面对的补偿标准和补偿内容不同，要建立一种上下游共享流域生态环境权益且公平合理、能够兼顾各方利益的产权安排（马永喜 等，2017）。

（二）多中心理论

在多中心理论出现之前，社会上主要存在亚当·斯密的市场秩序观和托马斯·霍布斯的主权秩序观（奥斯特罗姆，2000）。多中心的概念最初由迈克尔·波兰尼使用，之后它就扩散到包括治理研究在内的不同学科中（Aligica et al.，2012）。奥斯特罗姆夫妇继承了波兰尼的多中心秩序理论，同时更加强调通过参与者的互动和能动创立治理规则、治理形态（李洪佳，2015）。他们提出的多中心理论被认为是超越政府与市场的"第三条道路"，是另一只"看不见的手"（陈倩，2016）。该理论颠覆了公共财产只有交由中央权威机构管理或完全私有化后才能有效管理的传统观念（谭江涛 等，2010）。通过建立具有相互调整能力的其他决策中心来补充权力，来补充组织内部的层次结构（Gil et al.，2018）。

著名的经济学家肯尼斯·阿罗曾总结过奥斯特罗姆的贡献之一是："……把整个体制看成是互动的公共机构构成的体制，而不是由一个人控制的单一体制……（地方政府）必须与其他公共控制机构在同一层次或者不同层次上综合在一起……"[①] 这段话也体现了多中心理论最重要的特点：它包括多个规模不同的管理机构，这些管理机构彼此之间没有等级关系，但是却参与了自组织和

---

① 这段话出自 1997 年奥斯特罗姆获得塞德曼政治经济学奖的颁奖会上，肯尼斯·阿罗发表的演讲（毛寿龙，2009）。

相互调整（Ostrom，2010）。具体来说，首先，多中心系统包含多个独立的决策中心；其次，它包括了决策活动中的互动作用（Pahl-Wostl et al.，2014），也就是多个独立的权力部门在合作、竞争、冲突和解决冲突过程中的相互作用（Kellner et al.，2019）。最后，多中心系统既是权力分散的也是交叠管辖的。权力分散体现在多个独立的决策中心，交叠管辖可以是地理上的，也可以表现为决策中心的嵌套形式（Andersson et al.，2008）。

尽管不是万能药，但多中心系统有望解决环境保护领域的多重治理挑战（Aligica et al.，2012）。因为多中心系统允许通过"硬"监管或"软"手段——例如经济激励、自愿协议、自我监管，在多个组织部门中进行更多的政策创新和传播（Morrison et al.，2019）。与单中心系统相比①，多中心治理系统具有许多优势，包括"更大的实验、选择和学习机会"（Cole，2011）以及"增强创新、学习、适应、可信赖性、参与者合作"（Ostrom，2010）。这些都是协调资源使用的有利条件。

第三节　本章小结

本章要解决的问题是为全书研究做理论铺垫。从 3 组核心概念出发，界定流域与生态系统服务、生态补偿与流域生态补偿、制度与规则；流域是本书研究对象的地域范围，生态系统服务是流域提供的产物之一，两者构成了本书研究对象的自然载体；流域生态补偿的概念需要放在生态补偿的内涵中讨论，并重视其由于流域的特性而不同于其他类型生态补偿的一面；对规则的探讨离不开对制度的讨论，在百家争鸣的制度和规则定义中选择奥斯特罗姆的观点重点分析，分析她对制度的理解、"规则观"思想来源和表现形式。以上 3 组概念组成了本书的研究对象，即流域生态补偿制度。

核心概念需要理论指导，概念背后的理论内容构成了本书的理论基础。首先，流域生态系统服务的公共物品属性和价值是流域生态补偿的基石，正是因为具有这样的特点，所以可以利用经济激励的手段对流域生态系统服务这种公共物品进行定价和补偿。其次，外部性理论和可持续发展理论是流域生态补偿制度化的实施目的，为了消除外部性和实现自然资源的可持续发展从而有了流域生态补偿这一创新制度。最后，安排流域生态补偿制度的方式是建立在产权理论和多中心理论之上，这是两种不同的治理模式。流域生态补偿制度研究与概念、理论之间的关系见图 3 - 3。

---

① 理想的单中心系统是由中央主要机构控制，如负责所有商品和服务的综合性政府机构或私人垄断。

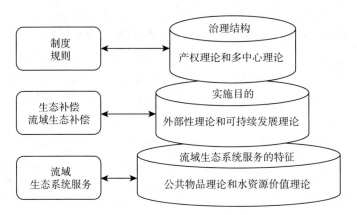

图 3 - 3　流域生态补偿制度研究与核心概念、理论基础的关系

第四章

框架：基于 IAD 框架的流域生态补偿分析

流域限定了流域生态补偿的主体，上下游是参与流域生态补偿的核心利益相关者，上下游之间的互动决定了流域生态补偿制度建立、运行和结果。因此，分析流域生态补偿上下游利益关系组成的行动情境是我们研究流域生态补偿问题的一个起点。一个运行良好的流域生态补偿制度能够在不同行动者之间建立合理的利益协调和分配机制，实施之后亦能产生一系列有益的结果。

本章遵循"规则建立基础—规则具体表征—规则运行结果"的逻辑主线，对流域生态补偿行动情境中的要素进行梳理，分析流域生态补偿上、下游的利益关系及利益冲突产生的主要原因，探讨哪些应用规则可以解释或解决流域生态补偿制度运行中普遍存在的问题，之后将利益相关者及其行动与利益影响因素置于统一框架下进行系统整合，结合 IAD 框架的底层逻辑，构建流域生态补偿"要素形式—内在机理—规则设计"的分析框架。

第一节　分析框架概览

从流域生态补偿的要素、行动者的利益关系和应用规则出发，把这些相对独立议题统一到一个逻辑体系内，构建基于 IAD 框架的流域生态补偿分析框架，如图 4-1 所示。简单来说，图 4-1 描述的逻辑是：特定行动情境下，流域生态补偿的行动者表现出的利益关系是可以通过特定的应用规则来激励和约束的，应用规则的类型和表现形式会影响流域生态补偿的实施结果。

从左往右看，对流域生态系统服务的补偿与否主要受制于提供者和购买者之间的互动决定，是否补偿和补偿方式对于两者的利益冲突解决有着关键影响，但是他们互动产生的行为又会影响生态系统服务的使用，从而造成新的利益冲突。整个过程嵌入在以流域为主导的行动情境之中。如果没有建立规则来激励或约束，处于自然状态下的话，这样的利益冲突会一直持续存在并且循环恶化。流域生态补偿可以从应用规则的角度重新塑造行动情境中行动者的激励和约束条件，从而影响流域上下游的互动决策和行动状态，最终影响流域生态补偿的运行结果。该结果也就是规则运行绩效，体现在预期目标的满足和结果

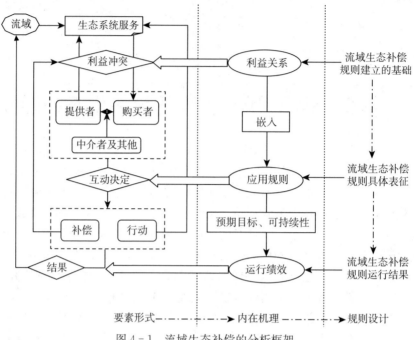

图 4-1　流域生态补偿的分析框架

的可持续性上。

　　从上往下看，规则建立基础、规则具体表征和规则运行结果分别体现了规则设计的过程。规则建立基础是规则设计的出发点，规则必须围绕如何协调流域生态补偿中的利益关系而设计；规则具体表征是对流域生态补偿规则体系的具体解构，为流域生态补偿设计提供一个需要普遍遵循的特定规则清单；规则运行结果是规则设计追求的结果，检验了流域生态补偿规则的运行结果是否达到规则设计追求的预期效果。

第二节　规则建立的行动情境

一、流域生态补偿的要素

　　行动情境（action situations）[①] 是影响行动者行为过程和行为结果的结

---

　　① 奥斯特罗姆早期的著作（Ostrom，1994）将这一部分称为"行动舞台（action arena）"，它包括"行动者"和"行动情境"。后期她对此表述进行了修正，认为在大多数情况下没有必要过多关注"行动者"和"行动情境"的区别，而且"行动情境"的具体结构里也包括了"行动者"。对此问题的解释详见 Ostrom 2011 年的文献。

构，用来分析、预测和解释行动者在制度安排下的行为与结果（Ostrom，2011）。它的特征由 7 组要素刻画（图 2 - 3），在一个行动情境里，位于特定"职位"的"行动者"会参考"潜在结果"可能产生不同"成本收益"的相关"信息"，通过一些"控制"方式来选择自身"行动"。前文应用 IAD 框架梳理的文献结果也表示出很多制度的描述和分析，特别是有关组织、创造和提供公共资源的制度安排都可以通过这个模式表达清楚。所以说，IAD 框架是一种"语言"，使交流和探讨普遍存在于同类制度的要素更加便捷。因此，我们构建流域生态补偿分析框架的第一步是讨论行动情境的要素在流域生态补偿的表现关系，也能够明晰之后的研究内容在 IAD 框架中的适应性表述。

由于 IAD 框架优秀的相容性（Brisbois et al.，2019），通过赋予"行动者""职位""行动""信息""支付""控制""结果"等要素不同的内容和价值就能够体现不同的制度安排。以生态补偿为例，庇古型和科斯型[1]的区别就可以通过"职位"这一要素体现。简单来说，一个流域生态补偿中一定存在生态系统服务的提供者和购买者，如果购买者这一"职位"上的行动者不是流域生态补偿的使用者，那么该类流域生态补偿有可能是庇古型；反之，则是科斯型[2]。

因为本书研究对象为政府主导的庇古型流域生态补偿，所以我们针对此类型流域生态补偿要素进行解析。应当注意的是，庇古型流域生态补偿要素的特点不仅和生态补偿的类型——政府付费有关而且和购买对象——流域生态系统服务的特点有关，如图 4 - 2 所示。

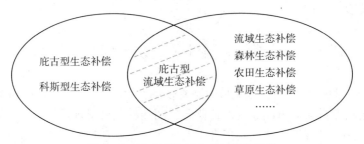

图 4 - 2 庇古型流域生态补偿的定位

IAD 框架第一个要素是职位，它指的是把过程参与者与一组获得授权的（与结果相关联的）行动联系起来的地位（奥斯特罗姆，2011）。流域生态补偿

<hr>

① 庇古型和科斯型生态补偿具体解释见第二章第三节和图 2 - 4。

② 严谨地说，生态补偿是庇古型还是科斯型，仅依靠"职位"一个要素不准确，还需要结合"控制"要素讨论。因为两种类型的关键区别不仅是"谁在购买"更是"谁有权决定购买"（Engel，2008）。因为这个问题并不是本书的研究重点，所以没有展开讨论。此处只是为了说明 IAD 框架的适应性来进行"有可能"的判断。

的职位至少需要生态系统服务的提供者（卖方）、购买者（买方）、中介或促进者、监督者、知识或技术支持者等。

行动者，即行动情境的参与者，至少要有两个参与者（但可以只有一个职位）。在生态补偿中，上下游地区的政府、居民、流域范围内的公司等都是行动者。

行动，是指处于特定职位的行动者在不同阶段可能作出的行动选择，比如决定在什么地点关停或搬迁污染企业、在什么时间控制水源地林木采伐行动等。

控制，是把处于决策结点上的参与者与（或）任意行动同中间结果或最后结果连接起来的水平（奥斯特罗姆，2011），表现出参与者对生态补偿制度的决策权和控制权。

潜在结果，是行动带来的可能结果。流域生态系统服务增加、生态环境没有得到改善、流域区域经济发展水平和居民收入水平提高或降低等都是生态补偿实施后可能出现的结果。

信息，是处于某一过程、某一阶段、某一职位的行动者所能获取的信息。由于涉及的自然关系太复杂或展现所有信息必然产生巨大的成本，很多情境只能产生不完全信息（奥斯特罗姆，2011）。流域生态补偿中最好包括流域生态系统服务（如水质、水量等关键生态系统服务）的生态条件和变化过程等信息。

支付，即把成本、收益引入行动和结果。支付不同于结果本身，是对结果与产生结果的行为进行正负赋值的方式（奥斯特罗姆，2011）。第二章第五节介绍了流域生态补偿的成本包括机会成本、保护成本和交易成本，收益一般指生态系统服务的产生。

二、流域生态补偿的利益冲突表现形式

根据 IAD 框架下庇古型流域生态补偿的要素安排，流域生态补偿[①]可以看作上游购买者投入货币或非货币补偿，试图使提供者增加或持续产出生态系统服务的一种经济行为，并且购买者为保证能够获得这种生态系统服务，需要提供激励并对提供者进行监督。因此，流域生态补偿机制的构成包括激励—约束机制和投入—产出机制两部分（王雨蓉 等，2016）。因为流域生态系统和行动者之间的投入—产出机制受很多因素影响，所以在绝大多数生态补偿项目里，补偿标准都是基于提供生态系统服务的成本，而非生态系统服务的价值（Wunder，2008）。因此，激励—约束机制在生态补偿中更容易实现。

很多学者对此进行了大量的研究。从激励机制的角度出发，谢玲和李爱年

---

① 为了语言的简洁，以后出现的"流域生态补偿"均指"庇古型流域生态补偿"。

（2016）认为流域生态补偿的困境主要在于激励机制不足。生态环境财政支付的规模无法满足生态环境的建设和保护，需要扩大生态补偿资金财政渠道（孔凡斌，2010），多元化流域生态补偿的融资渠道（张明凯等，2018）。从约束机制的角度出发，Wunder 等（2008）认为缺乏约束和监管的生态补偿项目一定收效甚微。应当在政府的绩效考核体系中增加有关生态补偿绩效的考核（曹莉萍等，2019），或设置针对主要领导的"一票否决"机制（王军锋 等，2011），这些约束机制都可以促使地方政府关注流域生态环境。但无论是正向激励机制还是责任约束机制，学者们普遍都以上级（中央）政府为主导者，把激励和约束的责任都交给上级政府承担，而忽视了其他有可能实现的激励—约束机制。虽然理论上还停留在只有上一级政府的激励约束能够影响上下游的决策行为，但是实际上已经出现了上下游相互约束的案例——基于"协议水质"的安徽省新安江流域横向生态补偿（杜群 等，2014）。水质作为流域生态系统服务的一项重要内容，在实践中逐渐演变成约束上下游行动的标准之一，这也能在一定程度上体现流域生态系统服务和行动者之间的投入—产出机制。

　　提供者和购买者不仅都有流域资源的使用权和发展权，而且他们相互间有着极强的利益关联（陈湘满，2002；宋丽颖 等，2016）。流域上下游之间的利益关系是上下游进行的利益博弈，主要是生态利益与经济利益之间的博弈、局部利益与整体利益之间的博弈、当前利益与长远利益之间的博弈，这些利益博弈表现为提供者和购买者之间具体的互动行为。如果提供者以牺牲流域环境、不当利用流域资源为代价发展自身经济，那么生态利益就会受到破坏；如果购买者以保护流域生态为由限制提供者发展，那么购买者的"搭便车"行为会造成提供者的利益受损；如果双方都出于自身利益考虑做出消极贡献，那么此时流域内各个行动者都会以个人利益为中心利用流域资源，最终会导致"公地悲剧"。关系如图 4 - 3 所示。

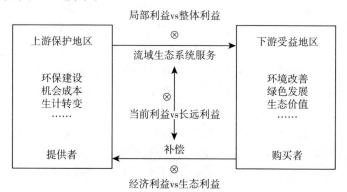

图 4 - 3　流域生态补偿利益矛盾的关系图

⊗表示箭头所代表的机制缺失

第三节 应用规则的具体表征

第二节提出了流域生态补偿的要素、由要素表现的机制和结合要素与机制表现的利益关系。本节将讨论哪些规则有助于流域生态补偿的运行。奥斯特洛姆从实地研究中发现，政府、私人或集体所有权并不是资源可持续性的最主要原因，所有"规则的规则"在制度安排上都有成功或失败的案例（Ostrom，2010），奥斯特洛姆为研究规则更重要的是"在使用什么规则（rules-in-use）"，而不是"制订什么规则（rules-in-form）"（Ostrom，1994：4-68）。当"规则的规则"已定时，流域生态补偿制度运行如何更多地取决于操作层面的应用规则，特别是什么样的应用规则有助于流域生态补偿制度的运行。

一、IAD 框架的应用规则分类

奥斯特洛姆从影响行动情境的角度将大量存在的规则分成七类，每类规则都与行动情境的一个要素相关（Ostrom，1986）。与其他制度分析方法相比，IAD 框架的一个重要优势是关注与行动情境相关的规则（Hijdra et al.，2015；Kiser et al.，1987），并在结构上详细规定了一系列规则（Ostrom，2011）。它提供了一个在广泛而动态的生态—社会背景下构建政策行为的通用规则清单。IAD 框架对于规则的分类，既有利于把规则和具体要素联系起来，也有利于辨析每个规则在现实情境里承担的功能。为了下文的分析，首先简要介绍该系列规则的概念，如表 4-1 所示。

结合第二章图 2-3 和表 4-1，可见单一规则具有明显独立性，不同规则通过影响参与者的行动决策而产生不同的后果，形成以参与者与其行动为中心的治理结构和完整的规则体系。在 7 类规则中，职位规则界定了可能的利益相关者，边界和选择规则规定了参与者活动条件，聚合、范围与信息规则为参与者行动提供工具选择，偿付规则直接激励或约束参与者行动。每一项规则通过其对应要素和特定功能影响资源利用结果，从而达成不同类型的规则在 IAD框架中的动态一致性。IAD 框架中不同类型的规则，构成了协调不同生态补偿参与者利益分配关系、利益获取关系和利益保障关系的现实机制，并且只有合理的规则设计，才可能形成合理的激励机制协调行动者间的利益关系。为使资源可持续利用，需要检查单一规则的内容以及由此形成的完整规则结构，这对于理解流域生态系统服务和生态补偿的整合非常重要。

表 4-1　IAD 框架的应用规则类型、解释及功能

规则名称	基本描述	具体解释	规则的功能
职位规则 (position rules)	职位的种类和数量	构建参与者在行动情境中承担的职位集合以及每个职位的数量和类型，每个职位都与特定的资源、机会、偏好和责任建立唯一的联系	创造利益相关者
边界规则 (boundary rules)	获得或脱离某种职位的条件	规定了参与者如何进入或退出某些职位，以及他们自由地进入或离开时面临的条件	决定参与者的数量、禀赋和资源
选择规则① (choice rules)	"必须""允许"和"禁止"的行动集合	指定了参与者有义务、允许、禁止采取的行动，行动集合取决于参与者的职位	确定将行动与结果联系起来的决策树的形状
聚合规则 (aggregation rules)	参与者对结果的控制力	参与者在行动情境中建立行动到结果之间联系时的控制水平，体现参与者的决策能够对从行动到结果的转换产生多大的功能	界定权力制度的类型
范围规则 (scope rules)	在行动集合里可能造成的结果集合	定义了一个结果的集合，集合内的一个结果会因为必须、禁止或可能的行动而受到影响	规定可能被影响的潜在结果以及与特定结果相联系的行动
信息规则 (information rules)	信息获取程度、渠道等	指定了每个职位可获得的信息，它授权参与者之间的信息交流渠道、交流频率以及交流形式	明确可以捕获的信息及捕获方式
偿付规则 (pay-off rules)	基于行动和结果的成本与收益	确定了成本和收益，它基于所采取的一系列行动和达成的结果	建立行动的激励与约束

来源：根据 Ostrom（2005），Ostrom（2011），Mcginnis（2011）等文献资料整理。

二、流域生态补偿规则的特征与解构

流域生态补偿应用规则的特征需要从两方面考虑：一方面从规则的特征出发，顺序性和问题导向性是规则的必备条件；另一方面从流域的特征出发，规则具有明显的流域物理属性和治理复杂性。结合这两方面的内容，流域生态补

---

① 在 Ostrom（1986；1994）早期的著作中，这一规则被命名为 authority rules。本书参考 Ostrom（2010；2011）后期论文对该规则的命名——choice rules。两者在定义上没有太大差别。

偿应用规则具体剖析如下。

（一）遵从一定的顺序设计应用规则

流域生态补偿规则的设计受项目引导并有优先顺序，职位规则和边界规则在补偿项目初期需要加以明确，之后据此确定选择规则和偿付规则，再考虑范围规则、聚合规则的设定，信息规则在整个过程都发挥作用，最后在规则激励或约束项目的过程中对结果进行评估，重新设计职位规则、边界规则、选择规则、偿付规则等规则，如图4-4所示。

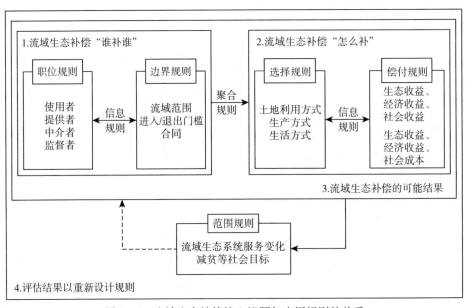

图4-4 流域生态补偿核心议题与应用规则的关系

（二）应用规则具有问题导向性

一般而言，生态补偿应解决如何界定利益相关方、如何确定补偿标准和如何制订补偿方式等关键问题（中国21世纪议程管理中心，2012），这无疑也是流域生态补偿规则需要解决的问题。流域生态补偿所建立的规则体系，应当为流域生态系统服务产权界定、利益相关者的行为和责任以及利益关系的协调提供普遍遵循的规定，需要在利益相关者界定、补偿范围和参与者条件界定、补偿对象选择、收益分配等方面建立相应的规则体系，为解决流域生态补偿中存在的一般性问题提供方向，如表4-2所示。生态系统服务购买者、提供者、中介者、监督者构成流域生态补偿的主要参与者，流域地理条件、参与者进入和退出条件、补偿合同构成流域生态补偿的基本边界。围绕职位规则和边界规则，参与者视流域位置不同而拥有不同层次的决策水平，决定他们采取何种土地利用方式，以期望获得可能产生的经济结果、社会结果和生态收益，这些互动受到聚合规则、选择规则和范围规则约束。流域生态补偿参与者根据生态系统服务和成本收益等相关信息，建立互动模式，付出经济成本来得到生态收益和社会收益，构成信息规则和偿付规则。

表 4-2　问题导向的流域生态补偿规则解构

规则名称	规则针对的问题	规则的基本构成
职位规则	流域上、下游利益相关者不清晰	参与者类型界定 参与者职能界定
边界规则	流域生态补偿地理条件、参与者条件和补偿内容的复杂性	流域的地理位置边界界定 生态补偿参与者条件界定 补偿合同的形式与内容界定
选择规则	流域生态系统服务/土地利用的多样性	特定生态系统服务/土地利用方式选择
聚合规则	流域生态补偿决策者的权威性	流域当地居民参与决策的程度 多个流域生态补偿参与者组成的决策机制 流域生物多样性和生态系统服务的代理指标选择
范围规则	流域生态补偿预期效果不显著	流域管理机构与流域的地理范围匹配 生态补偿实施的经济估值与社会影响 流域生态系统服务的信息公开
信息规则	流域生态系统服务信息不对称	流域生态补偿目的的清晰 流域生态补偿参与者的互动
偿付规则	流域生态补偿资金的来源单一、使用范围固化、补偿金额缺乏、违反规定行为惩罚力度轻	流域生态补偿资金来源多样化 补偿形式更多元 对违反流域生态补偿规定的行为采取分级制裁

（三）应用规则带有明显的流域物理属性

职位规则中，流域生态系统服务提供者（上游）和购买者（下游）是由流域本身定义。边界规则中，流域地理条件构成流域生态补偿的基本边界。聚合规则和选择规则中，参与者处于流域不同位置，拥有的决策程度不同，且决定他们采取何种土地利用方式。偿付规则中，如果上游没有得到下游用户的激励，前者可能没有动力在其决策中考虑下游的利益，做出有利于下游的行为。

（四）对比其他公共池塘资源的管理问题，流域生态系统服务的供给面临着特殊的治理困难

首先，流域不仅是地理概念也是经济学概念，是一个经济地理系统。流域

生态补偿的制度结构是区域与区域之间的关系，不能仅仅考虑上游地区或者下游地区的行动。必须从整体效益最大化出发，明确规则的激励机制和模式以及该情境下所取得的结果。其次，流域生态系统服务的外部性具有流动特征，上游污染、下游买单或上游治理、下游享受都有明显的生态溢出效应，而且这种外部性是从上游到下游单向的流动扩散。从成本收益一致性出发，设计的规则应当考虑如何在上游提供生态系统服务的同时，避免下游"搭便车"行为。

第四节　规则运行的结果评估

行动情境和应用规则对于流域生态补偿制度的建立与运行来说很重要，但是这不是问题的全部，更重要的是，应用规则是嵌在具体的行动情境中的，在特定的行动情境中重构激励和约束机制，进而影响流域生态补偿制度绩效。这不仅是流域生态补偿规则体系的重要内容，也是确保机制运行效率的核心问题（靳乐山 等，2019）。那么，如何考察流域生态补偿规则运行结果？第一，任何一个生态补偿项目的目标是在基线之上产生额外的生态系统服务，所以评估一个流域生态补偿规则的运行结果，首先要判断该流域在一套规则之下是否满足了提高生态系统服务的预期目标。第二，除了满足预期目标，流域生态补偿的运行结果是否对当地的经济和社会产生了积极的影响，这些积极影响和成果有无可持续进行的可能性。

一、权力结构通过资源分配影响预期目标达成

流域生态补偿的权力结构往往与流域地理范围高度重叠，所以流域在根本上决定了上游政府、下游政府与其他主体之间的资源禀赋，但是权力结构会影响资源分配情况，制度绩效取决于分配的效率与公平。是否达到了预期设计目标是流域生态补偿规则运行结果评估指标之一。

首先，非政府组织在流域生态补偿权力结构重塑中发挥的作用受到了极大的重视（Huber-Stearns et al.，2015），这样的变化可能代表了"超越官僚主义"的转变以及多主体治水的开始（Watson et al.，2009），由此带来的是，流域生态保护和管理的责任在公共部门、私人部门和民间团体中重新分配，这在根本上影响了制度安排，从而影响预期目标的达成。在美国尤金市，当地水务公司成为生态补偿驱动者，因为它们一方面是基础设施的重要参与者、流域服务组织网络的一部分，另一方面也是社区的重要组成部分，拥有固定的客户（买方），能够吸引更多的投资者（Lurie et al.，2013）。非营利组织经常扮演重要的中介角色，促进生态系统服务买卖双方的交易。根据对美国尤金市流域

中土地所有者的调查，非营利组织是该群体中最值得信赖的组织，被视为设计和实施可行的流域生态补偿计划的必要条件（Bennett et al.，2014）。

其次，流域生态补偿制度建立和运行的过程中各个参与者的目标一致性也很重要。一个成功的案例是坦桑尼亚 Kimani 子流域水资源管理计划（简称为SRMP）。这个计划使得参与 Kimani 流域使用和管理的不同用户及协会聚集在一起，包括附近的 9 个村庄、2 个地区政府、2 个流域水管理办事处、灌溉办公室以及流域管理和小农灌溉改善项目的协会。这些组织共同决定流域内用户对水资源的使用和方式。他们还为流域附近的土地资源管理制订了计划。SRMP 被认为能解决大多数跨部门水分配中的运营问题，能成功地为不同的用户提供充足的水资源，公平控制水资源，确保水资源的可持续供给（Kashaigili et al.，2003）。但是，如果各个权利主体的预期目标不一致，不仅会降低流域生态补偿的制度绩效，甚至会制约流域生态补偿制度的进一步变革。在哥伦比亚的 Nima 河生态补偿案例中，大规模的私人用水者（包括甘蔗种植协会、自来水公司、水力发电公司、造纸公司等使用者）和国家机构（包括区域公共环境办公室、市政当局和部门政府）共同向上游私人土地所有者付款，实施流域生态系统保护措施以增强供水量，保证在雨季和干旱季节的稳定供水，并减少季节性缺水（Goldman-Benner et al.，2012）。该地区的流域计划促使私营部门更多地参与流域的保护，替代了部分公共措施。但是保护的中心和焦点几乎完全是上游流域，不顾上游的大规模用水对下游地区的环境影响。从这个意义上讲，流域生态补偿的保护区域变得非常有选择性，私营部门行为者根据自身利益，对上游土地使用和保护的优先级产生重大影响，包括水源、水量和话语权，故意忽视了它们对整个流域的影响，尤其是下游地区被边缘化了。Nima 流域生态补偿计划在设计、目标和实施方面都具有内在的政治性。该计划并不以保护生态系统服务为主要目标，而是用生态补偿这种手段使某些参与者达到控制供水以维持和增加经济活动，扩大自身收益的目的。这也意味着生态补偿有可能产生一组特定的社会关系，这些社会关系能够在保护期间连续积累，从而导致矛盾和不平等的结果（Rodríguez-de-Francisco et al.，2015）。

二、共同参与通过信息传递影响结果的可持续性

可持续性是流域生态补偿规则运行结果评估指标之二。要求规则不仅能够帮助项目良好有序地运行下去，还可以适应当地情况并随情境变化，这主要体现在多主体共同参与的流域生态补偿过程中。

多主体共同参与流域生态补偿的过程是信息传递过程，共享信息有利于建

立可信的承诺和合作（Lima et al.，2017），共同参与作为一种"火警"机制可以有效降低监督成本和交易成本（Brown et al.，2003）。多主体包括一系列的社会组织、社会网络以及约束不同主体关系的非正式制度安排，通过信息传递影响流域生态补偿成功的可能性和可持续性。

首先，将生态补偿资金使用情况、生态资源环境状况等信息及时公布、共享，将"透明度"作为生态补偿的关键要素，对于生态补偿计划的成功至关重要（Tacconi，2012）。通过改变获得信息的渠道，把科研机构、环境保护非政府组织等更加专业的行动者纳入生态补偿制度中，让他们负责搜集、公布信息，充分发挥其专业性。比如，在哥斯达黎加，提供者可以通过当地非政府组织申请生态补偿项目，因为这样可以减少交易成本和公文数量（Locatelli et al.，2008）。另外，公布信息的方式尽量简单有助于项目的实施和延续。对巴西一个生态补偿（Extrema 市流域）项目的研究发现，市政官员会将早期工作重点放在活跃于社区的关键人员身上，因为信息将通过口口相传迅速传播，提高项目在当地居民中的认可度（Richards et al.，2015）。对坦桑尼亚的流域生态补偿研究也表明，即使在生态补偿项目结束后，积极的农民与农民的沟通也有可能促进项目的继续（Kwayu et al.，2014）。

其次，多主体参与流域生态补偿的制度安排可以在整体上构建更为丰富和多样化的决策机制。厄瓜多尔的案例中，流域管理系统内有一个独立于信托基金的地方参与式决策机构。这个参与式决策机构中包含广泛的流域利益相关方，并且旨在将更多的利益相关方纳入流域管理过程（Kauffman，2014），同时通过教育和媒体宣传活动寻求公众认可来建立该组织的决策权威（Joslin et al.，2018）。

最后，创造一个良好的制度环境，不仅要推动上下游的合作，还要建立一个长期有效的监督制度，以及促进当地组织的出现和参与。长期有效的监督制度能提供有关生态补偿实施的各类信息，以及监督制度本身带来的信心保证。当地组织的出现和积极参与，如非政府组织或村民自治组织等，通常都会使参与者获取更多的信息量和更加透明的获取途径，减少信息不对称的情况。

第五节　本章小结

流域生态补偿的行动情境和应用规则在很大程度上影响着流域生态补偿制度的建立、运行和结果。依据"规则建立基础—规则具体表征—规则运行结果"逻辑主线，本章构建了流域生态补偿"要素形式—内在机理—规则设计"的分析框架。

首先对流域生态补偿的要素进行系统逻辑整合，揭示其利益冲突表现形式。通过引入 IAD 框架统筹考虑庇古型流域生态补偿中行动者、职位、行动、信息、支付、控制、潜在结果等要素，认为流域生态补偿利益关系受到两大机制的影响：一是付费者和提供者之间的激励—约束机制，二是系统和行动者之间的投入—产出机制。流域上下游之间的利益关系是上下游进行的利益博弈，主要是生态利益与经济利益之间的博弈、局部利益与整体利益之间的博弈、当前利益与长远利益之间的博弈，这些利益博弈表征为提供者和购买者之间的具体互动行为。流域生态补偿制度的建立目标是要协调好上下游的利益关系，解决上下游的利益冲突，难点也在如何调整和处理好上下游的利益关系。

其次，流域生态补偿的应用规则体系构成了协调参与者利益关系的现实机制。为规定补偿主体、增加生态系统服务额外性、界定生态补偿的条件、调节利益分配以及与其他社会目标相适应等行为提供了普遍遵循，为解决流域生态补偿中存在的一般性问题提供方向。鉴于流域生态系统服务的产权复杂性、利益主体多样性以及成本收益界定困难，政策制定者和决策者作出的关于包括哪些规则以及这些规则将采取何种形式的决策，可能会对该制度的绩效和结果产生关键影响。

最后，流域生态补偿规则运行结果受流域生态补偿的权力结构和参与主体多样化的影响。权力结构影响流域资源分配情况，进一步体现在流域生态补偿参与者的目标一致性上。如果目标不一致，很有可能造成不平等的问题，导致流域生态补偿的运行结果无法实现预期目标。需要多主体共同参与流域生态补偿的制度建设中，因为多主体共同参与能够有效传递信息并且降低监督成本和交易成本，影响流域生态补偿成功的可能性和结果的可持续性。

05 第五章

流域生态补偿的规则建立与模式选择

对流域的利益诉求不同是上下游之间永恒的矛盾和需要解决的课题，也是流域生态补偿规则建立的基础；协调利益矛盾、达到利益平衡就是流域生态补偿规则设计的出发点。流域生态系统服务的供需关系表现为，上下游利益相关者围绕自身对流域资源的需求展开的竞争与博弈。因此，本章运用博弈论的方法对流域生态补偿规则建立的情境进行研究。

首先，对流域生态系统服务的提供者和购买者在生态补偿中的博弈行为进行分析，在此基础上，分别构建自然状态下、政府管制模式下，以及基于生态系统服务协议模式下流域生态补偿行动者的演化博弈模型，运用复制动态方程分析各行动者的策略及影响因素，对比提供者和购买者以及两者关联系统的演化稳定策略，探讨在中国情境下流域生态补偿建立模式的选择。最后，为了验证演化博弈的结果，应用系统动力学相关知识，分别建立流域生态补偿系统动力模型，并采用 Vensim 软件模拟不同条件下的演化博弈结果和变量改变对演化博弈结果的影响，为建立流域生态补偿机制提供理论依据。

第一节　博弈论方法研究流域生态补偿的可行性

选择博弈论的方法作为研究方法，是由 IAD 框架的要素、流域生态补偿的特点以及行动者的利益关系决定的。

首先，博弈论的思想和工具可以完美涵盖 IAD 框架行动情境中的所有要素。一个博弈中基本的要素包括：参与者（players）、行动（action）、支付（payoffs）和信息（information），这 4 个合起来成为博弈规则（艾里克·拉斯穆森，2009）。可以看出，行动情境的 7 个要素也是每个博弈的基本要素，博弈和行动情境都可以用统一的"语法"来表达千变万化的形式。Ostrom（2005）也将博弈论作为构建各种情境模型的主要工具，并且在研究的过程中发现它是一个极其有用且有力的解释工具。

其次，可以发现流域生态补偿行动者之间存在明显的利益博弈关系，提供者和购买者的收益水平明显受到对方决策的影响。是一起走到"囚徒困境"还是达到"纳什均衡"，这是博弈论研究的经典问题。

最后，流域具有流动性、长期性以及连续性的特点。在实践中，从流域生态补偿的建立、实施，再到有效运行，都不可能仅通过一次博弈就达成一致，都是在动态的博弈过程中不断学习、调整，直至找到最优策略（曲富国 等，2014；胡振华 等，2016）。演化博弈理论将生物进化思想引入博弈论内，认为行动者所面对的博弈环境和其他行动者的状态是一个不断变化的过程，最终达到演化稳定状态（王先甲 等，2011）。而且演化博弈已经被广泛应用于流域生态补偿中行动者的利益博弈关系和策略选择过程的讨论，特别是用来解释利益相关者决策行为（李宁 等，2017）、利益冲突（徐大伟 等，2013）和补偿标准（胡东滨 等，2019）等问题。

综上所述，本章将构建流域生态系统服务提供者和购买者的演化博弈模型，分别讨论不同状态下的行动者策略选择过程和利益博弈行为，解析流域生态补偿系统的演化稳定策略。

第二节　流域生态系统服务提供者和购买者在自然状态下的决策行为

流域生态补偿的本质就是调节生态系统相关方利益关系。在流域生态系统出现问题之后，上下游地区出于个体利益考虑会产生不一样的策略，各行动者的策略相互影响，造成流域利益拉扯和争夺。这部分试图解决的问题是，在上下游双方博弈的相互作用中，提供者和购买者依靠自身演化在自然状态下能否达到利益平衡的稳定状态，从而实现社会的帕累托最优。

一、自然状态下流域生态补偿的博弈要素

为了便于分析且尽可能贴近现实，作出如下假设。

第一，流域生态系统服务的提供者一般位于上游地区，包括上游地方政府、上游土地利用者等；流域生态系统服务的使用者一般位于下游地区，包括下游地方政府、下游居民等。为了普适性，本部分将上游地区的利益相关者命名为提供者（providers），下游命名为购买者（buyers）。

第二，提供者如果出于保护流域生态环境、促进流域资源可持续发展等目的则会选择"提供（生态系统服务）"策略，如果出于发展本地区经济、提高工业水平等目的则会选择"不提供（生态系统服务）"策略。购买者如果认可获得的流域生态产品则会选择"购买（生态系统服务）"策略，如果认为享有优质流域资源是自己的权利则会选择"不购买（生态系统服务）"策略。

第三，博弈双方分别来自提供者和购买者的总体，从总体中随机抽取个体进行博弈，博弈成员通过学习和交流进行动态重复博弈，在此过程中，个体的有限理性被表征。

第四，提供者和购买者均追求自身利益最大化。

根据上述假设，本部分将构建流域生态补偿演化博弈的支付矩阵，有关变量的符号及含义说明如下。

一是提供者的成本（C_p），即实施流域生态补偿时，提供者的保护成本、签署与维护所有合同的交易成本以及选择"提供"策略的机会成本。

二是提供者的收益（B_p），即不实施流域生态补偿时，提供者的收益。

三是提供者的额外收益（A_p），即实施流域生态补偿时，带给提供者的净环境收益。

四是购买者的成本（C_b），即实施流域生态补偿时，购买者支付的补偿。

五是购买者的收益（B_b），即不实施流域生态补偿时，购买者的收益。

六是购买者的额外收益（A_b），即实施流域生态补偿时，带给购买者的净环境收益。以上各变量均为正值。

在 2×2 非对称重复博弈中，其阶段博弈的支付矩阵如表 5-1 所示。

表 5-1　提供者和购买者的博弈支付矩阵

提供者	购买者	
	购买	不购买
提供	$(B_p+A_p+C_b-C_p,\ B_b+A_b-C_b)$	$(B_p+A_p-C_p,\ B_b+A_b)$
不提供	$(B_p+C_b,\ B_b-C_b)$	$(B_p,\ B_b)$

二、自然状态下的演化博弈过程

分析演化博弈的关键是确定参与者的学习机制和策略演化的过程，运用不同的动态机制来模拟演化博弈的参与者学习和决策过程。其中，最常用的是选择常微分方程（或方程组）$\dot{x}_i = x_i(F_i(x) - \overline{F}(x))$ 来描述策略演化（王先甲等，2011）。该方法已经被广泛运用于分析社会学、经济学、管理学等（黄凯南，2009）。下面将构建复制动态方程，来模拟在自然状态下的演化博弈过程。

假设 x 为提供者群体中选择"提供"策略的比例，y 为购买者群体中选择"购买"策略的比例，则 $1-x$ 是提供者群体中选择"不提供"策略的比例，$1-y$ 是购买者群体中选择"不购买"策略的比例。那么，令 $x=0$，提供者全部"不提供"；令 $x=1$，提供者全部"提供"；令 $y=0$，购买者全部"不购买"；令 $y=1$，购买者全部"购买"。其中，x 和 y 都是关于时间 t 的函数。

首先，记 u_p^1、u_p^2、$\overline{u_p}$ 分别为提供者选择"提供"策略的期望收益、"不提供"策略的期望收益和平均收益，则：

$$u_p^1 = y(B_p + A_p + C_b - C_p) + (1-y)(B_p + A_p - C_p) \quad (5-1)$$

$$u_p^2 = y(B_p + C_b) + (1-y)B_p \quad (5-2)$$

$$\overline{u_p} = x\,u_p^1 + (1-x)\,u_p^2 \quad (5-3)$$

所以，提供者选择"提供"策略演化过程的复制动态方程为：

$$U(x) = \frac{dx}{dt} = x(u_p^1 - \overline{u_p}) = x(1-x)(u_p^1 - u_p^2) \quad (5-4)$$

将式（5-1）、式（5-2）代入式（5-4），得：

$$U(x) = x(1-x)(A_p - C_p) \quad (5-5)$$

同理，记 u_b^1、u_b^2、$\overline{u_b}$ 分别为购买者选择"购买"策略的期望收益、"不购买"策略的期望收益和平均收益，则：

$$u_b^1 = x(B_b + A_b - C_b) + (1-x)(B_b - C_b) \quad (5-6)$$

$$u_b^2 = x(B_b + A_b) + (1-x)B_b \quad (5-7)$$

$$\overline{u_b} = y\,u_b^1 + (1-y)\,u_b^2 \quad (5-8)$$

所以，购买者选择"购买"策略演化过程的复制动态方程为：

$$U(y) = \frac{dy}{dt} = y(u_b^1 - \overline{u_b}) = y(1-y)(u_b^1 - u_b^2) \quad (5-9)$$

将式（5-6）、式（5-7）代入式（5-9），得：

$$U(y) = y(1-y)(-C_b) \quad (5-10)$$

三、流域生态补偿规则建立的原因

如果流域上下游可以依靠自身演化达到社会最优结果，那么可能并不需要规则来调节两者的利益关系。反之，则需要建立流域生态补偿的规则来激励和约束上下游的行为，达到社会最优结果。下面通过分析提供者、购买者以及两者演化博弈的稳定状态，来判断流域上下游能否通过自身演化达到（提供，购买）最优结果。

演化博弈的关键是分析演化稳定策略（evolutionarily stable strategy，简称 ESS）。选择 ESS 意味着参与者的期望收益必将高于其他个体的预期收益，并且没有一个参与者以新的策略进入环境（入侵）能得到比原来参与者更高的期望支付（拉斯穆森，2009）。这说明，①ESS 是一个强纳什均衡策略；②它具有较强稳健性（robust），即受到干扰的系统不会偏离演化稳定状态。ESS 较为普遍的一个数学表述是：以 S 表示参与者的策略集合，s 表示一个 ESS，f 表示关于策略集合的支付函数，$(1-\varepsilon)s + \varepsilon s$ 表示选择演化稳定策略个体与选择突变策略个体所组成的混合群体的策略（其中 $\varepsilon \in (0,1)$），对群体里的任意个体 $k = 1, \ldots, K$，如果 $x \neq s^k \in S^k$，有（a）$f^k(x,s) < f^k(s^k,s)$，或者（b）$f^k(x,s) = f^k(s^k,s)$ 且 $f^k(x,(1-\varepsilon)s+\varepsilon s^k) < f^k(s^k,(1-\varepsilon)s+\varepsilon s^k)$（Friedman，1991）。

以下将分别分析提供者、购买者以及两者演化博弈的稳定状态。

（一）提供者局部演化稳定策略的分析

根据 ESS 的定义和数学表述，提供者局部 ESSx^* 需要满足 $U(x^*) = 0$ 和 $U'(x^*) = (1-2x^*)(A_p - C_p) < 0$。令 $U(x) = 0$，解得 $x_1^* = 0$ 和 $x_2^* = 1$ 是两个可能的稳定状态点。

1. 提供者的额外收益大于成本的情况

当提供者的额外收益大于成本时（即 $A_p - C_p > 0$），$U'(0) = A_p - C_p > 0$，$U'(1) = C_p - A_p < 0$。所以 $x_2^* = 1$ 是提供者的局部 ESS。在这种情况下会有越来越多的提供者选择"提供"生态系统服务的策略，直到所有提供者都选择"提供"，如图 5-2 中路径 1 所示。

2. 提供者的额外收益小于成本的情况

当提供者的额外收益小于成本时（即 $A_p - C_p < 0$），$U'(0) = A_p - C_p < 0$，$U'(1) = C_p - A_p > 0$。所以 $x_1^* = 0$ 是提供者的局部 ESS。在这种情况下会有越来越少的提供者选择"提供"生态系统服务的策略，直到所有提供者都选择"不提供"，如图 5-2 中路径 2 所示。

3. 提供者的额外收益等于成本的情况

当提供者的额外收益等于成本时（即 $A_p - C_p = 0$），对于所有的 x 都是 $U(x) = 0$。此时选择"提供"和"不提供"策略的提供者都是不稳定的，没有局部 ESS，如图 5-1 中路径 3 所示。

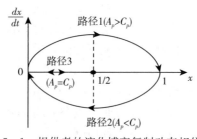

图 5-1　提供者的演化博弈复制动态相位图

（二）购买者局部演化稳定策略的分析

与提供者的分析思路类似，购买者的局部 ESSy^* 需要满足 $U(y^*) = 0$ 和

$U'(y^*) = (1 - 2y^*)(-C_b) < 0$。因为 C_b 为正值，所以购买者的 ESS 条件是 $y^* = 0$。在这种情况下，选择"购买"的购买者会越来越少，直到所有购买者都选择"不购买"。

（三）提供者和购买者的系统演化稳定策略

关于提供者和购买者的局部 ESS 能否演化成两者关联系统的 ESS，需要加以检验。加州大学圣克鲁兹分校教授 Friedman（1998）给出了较为简洁的判断方法，即对于 2×2 的博弈支付可以构造雅可比方阵（Jacobian matrix），如果在某一个局部稳定状态点同时满足两个条件：

①雅可比方阵的行列式大于 0，即 $|J| > 0$；

②方阵的特征根之和（也就是行列式的迹）小于 0，即 $tr(J) < 0$；

那么，该稳定状态点是系统的演化稳定策略[①]。

根据以上方法，下面求解提供者和购买者的系统 ESS。

首先，联立式（5-5）和式（5-10）构成系统复制动态方程组：

$$\begin{cases} U(x) = x(1-x)(A_p - C_p) = 0 \\ U(y) = y(1-y)(-C_b) = 0 \end{cases} \quad (5-11)$$

方程组（5-11）解的集合是可能出现的演化稳定策略的集合，解得 4 个稳定状态点 (x, y)，分别为：$(0, 0)$、$(1, 0)$、$(0, 1)$、$(1, 1)$。

复制动态方程组（5-11）的雅可比方阵 J 为：

$$J = \begin{pmatrix} \dfrac{\partial U(x)}{\partial x} & \dfrac{\partial U(x)}{\partial y} \\ \dfrac{\partial U(y)}{\partial x} & \dfrac{\partial U(y)}{\partial y} \end{pmatrix} = \begin{pmatrix} (1-2x)(A_p - C_p) & 0 \\ 0 & (1-2y)(-C_b) \end{pmatrix}$$

$$(5-12)$$

J 的行列式为：

$$|J| = \frac{\partial U(x)}{\partial x} * \frac{\partial U(y)}{\partial y} - \frac{\partial U(x)}{\partial y} * \frac{\partial U(y)}{\partial x}$$
$$= (1-2x)(A_p - C_p)(1-2y)(-C_b) \quad (5-13)$$

行列式（5-13）的迹为：

$$tr(J) = \frac{\partial U(x)}{\partial x} + \frac{\partial U(y)}{\partial y} = (1-2x)(A_p - C_p) + (1-2y)(-C_b)$$

$$(5-14)$$

将 4 个稳定状态点分别代入式（5-13）和式（5-14），得表 5-2。

---

① 具体的数学证明参考 Friedman 1998 年论文的附录 A。

表 5-2　雅可比方阵 J 的行列式和迹

	(0, 0)	(1, 0)	(0, 1)	(1, 1)
$|J|$	$-C_b(A_p-C_p)$	$C_b(A_p-C_p)$	$C_b(A_p-C_p)$	$-C_b(A_p-C_p)$
$tr(J)$	$A_p-C_p-C_b$	$C_p-A_p-C_b$	$A_p-C_p+C_b$	$C_b-A_p+C_p$

根据表 5-2 可以发现，只有提供者的额外收益、成本和购买者的成本（也就是提供者获得的补偿收益）与系统的演化博弈稳定状态相关，因此提供者的演化稳定状态对系统的 ESS 起决定作用。考虑以下两种情况。

1. 提供者的额外收益大于成本的情况

当提供者的额外收益大于成本时（即 $A_p-C_p>0$），并且 C_b 为正值，只有 (1, 0) 均衡点满足条件 $|J|>0$ 和 $tr(J)<0$。也就是说，只要流域生态补偿带来的额外收益高于实施成本，就会有越来越多的提供者采取"提供"生态系统服务的策略，不管购买者是否"购买"。最终，由提供者和购买者组成的系统 ESS 为（提供，不购买），如表 5-3 所示。

2. 提供者的额外收益小于成本的情况

当提供者的额外收益小于成本时（即 $A_p-C_p<0$），并且 C_b 为正值，只有 (0, 0) 均衡点满足条件 $|J|>0$ 和 $tr(J)<0$。也就是说，如果流域生态补偿带来的额外收益小于实施成本，就会有越来越少的提供者采取"提供"生态系统服务的策略，也会有越来越多的购买者选择"不购买"的策略。最终由提供者和购买者组成的系统 ESS 为（不提供，不购买）。如表 5-3 所示。

表 5-3　自然状态下的提供者和购买者演化博弈稳定性分析

情况		(0, 0)	(1, 0)	(0, 1)	(1, 1)
	$|J|$	－	＋	＋	－
1	$tr(J)$	＋/－	－	＋	＋/－
	ESS 判定	否	是	否	否
	$|J|$	＋	－	－	＋
2	$tr(J)$	－	＋/－	＋/－	＋
	ESS 判定	是	否	否	否

虽然自然状态下流域生态补偿中存在 ESS，但是情况 1 是典型的"搭便车"，情况 2 则陷入了"囚徒困境"，两者均不是社会最优结果。而且在实际的流域生态补偿中，提供者的额外收益很难大于成本，尤其是恢复并增加流域生态系统服务需要长时间的投入。以新安江流域生态补偿的数据为例，2011—2014 年，黄山市共投入 423 亿元以上（韩霁，2015），经测算 2013 年的新安

江水生态系统服务总价值为 73.72 亿元（杨文杰 等，2018），额外收益远远小于投入成本。所以情况 1 在实践中基本不会出现。情况 2 的现实案例则比比皆是。所以若没有激励-约束机制，仅靠提供者和购买者的自身演化是无法出现（提供，购买）的社会最优结果。

自然状态下的流域生态补偿中，提供者和购买者会追求自身利益最大化，不能有效协调利益关系，两者利益冲突集中在购买者的成本和提供者的额外收益上，也就是说一个流域生态补偿项目产生的额外收益无法在短时间内弥补项目投入的成本。此时，必须引入上一级政府进行干预。上级政府在流域生态补偿中的职位主要是中介者和监督者，能够在提供者和购买者之间缓解利益冲突并且协调利益关系，引导提供者和购买者在流域生态补偿情境内的行为，从而达到社会期盼的最优结果。

第三节　两种模式下流域生态系统服务提供者与购买者的决策行为

在流域生态补偿中，提供者和购买者的博弈无法自发形成社会最优结果（提供，购买）。但上级政府可以通过制度安排、经济制裁和奖励等方式，制定规则，形成一些激励—约束机制，来有效调节提供者和购买者的支付函数，协调两者的利益关系，进而影响他们的演化结果。因此本节把上级（中央）政府引入演化博弈，由上级（中央）政府作为主导者承担激励和约束的责任，即流域生态补偿中的政府管制模式；此外，还加入提供者和购买者之间基于生态系统服务的激励-约束机制，即基于生态系统服务协议的横向流域生态补偿。

一、政府管制模式和基于生态系统服务协议模式的博弈要素形式

政府管制模式和基于生态系统服务协议模式的博弈要素需要在本章第二节规定的 4 条基本假设基础上再增加 4 条符合真实情境的假设，分别为以下几点。

第五，上级政府是激励—约束机制的主导者，并且对购买者的约束更强。一方面，为了激励提供者选择"提供"的策略，上级政府会奖励"提供"生态系统服务的提供者。但是无论购买者的选择策略是什么，上级政府均不会奖励；另一方面，当提供者和购买者选择（不提供，不购买）的策略，即放任流域生态系统恶化、不保护流域生态环境的时候，上级政府会对两者做出处罚。处罚的形式可以是罚款、增加税收、增收排污费等经济制裁，也可以是官员政

绩考核不达标、城市评级下降等政治惩罚。

第六，提供者和购买者之间存在相互约束的机制。如果购买者选择"购买"策略，可以采用签订合同的方式约束提供者按照一定标准提供可量化的生态系统服务。如果达不到规定标准，则提供者需要接受罚款；如果提供者选择"提供"而购买者选择"不购买"的时候，并且水质达到一定标准，购买者需要支付费用。

第七，提供者选择"不提供"策略时，生态系统服务达到规定标准的概率为零。

第八，合同的有效性和规定标准的监测由上级政府约束，不存在不执行合同和监测有争议的情况，并且罚款上交政府作为其监管的费用。

根据前文的假设，本部分构建政府管制模式和基于生态系统服务协议模式的流域生态补偿演化博弈支付矩阵，沿用本章第二节中 6 个变量的符号及含义，再增加 4 个变量，说明如下。

七是上级政府的激励（M_g），即对实施流域生态补偿的提供者给予奖励。

八是上级政府的约束（C_g），即提供者不实施流域生态补偿和购买者不购买流域生态系统服务同时出现时，对两者的处罚。

九是流域生态系统服务达标的概率（θ），即提供者采取"提供"策略时，流域生态系统服务能够达到提供者和购买者之间制订的标准的概率。

十是不达标的惩罚（P），即提供者和购买者之间规定的罚款。

其中，$0 \leqslant \theta \leqslant 1$ 且以上所有变量均为正值。

在 2×2 非对称重复博弈中，其阶段博弈的支付矩阵如表 5-4 所示。

表 5-4　两种模式下提供者和购买者的博弈支付矩阵

提供者	购买者	
	购买	不购买
提供	$(B_p+A_p+C_b+M_g-C_p-(1-\theta)P,$ $B_b+A_b-C_b+(1-\theta)P)$	$(B_p+A_p+M_g-C_p,\ B_b+A_b-\theta P)$
不提供	$(B_p+C_b-P,\ B_b-C_b)$	$(B_p-C_g,\ B_b-C_g)$

二、两种模式下流域生态补偿演化稳定策略的影响因素

该部分继续构造复制动态方程描述在两种模式下提供者和购买者的演化博弈过程。x 和 y 继续表示提供者群体中选择"提供"策略的比例和购买者群体中选择"购买"策略的比例，两者都是关于时间 t 的函数。

同样的，记 π_p^1、π_p^2、$\overline{\pi_p}$ 分别为提供者选择"提供"策略的期望收益、"不

提供"策略的期望收益和平均收益，则：

$$\pi_p^1 = y[(B_p + A_p + C_b + M_g - C_p - (1-\theta)P] + \\ (1-y)(B_p + A_p + M_g - C_p) \qquad (5-15)$$

$$\pi_p^2 = y(B_p + C_b - P) + (1-y)(B_p - C_g) \qquad (5-16)$$

$$\overline{\pi_p} = x\pi_p^1 + (1-x)\pi_p^2 \qquad (5-17)$$

所以，提供者选择"提供"策略演化过程的复制动态方程为：

$$\Pi(x) = \frac{dx}{dt} = x(\pi_p^1 - \overline{\pi_p}) = x(1-x)(\pi_p^1 - \pi_p^2) \qquad (5-18)$$

将式（5-15）、式（5-16）代入式（5-18），得：

$$\Pi(x) = x(1-x)[A_p + M_g + C_g - C_p + y(\theta P - C_g)] \qquad (5-19)$$

记 π_b^1、π_b^2、$\overline{\pi_b}$ 分别为购买者选择"购买"策略的期望收益、"不购买"策略的期望收益和平均收益，则：

$$\pi_b^1 = x[B_b + A_b - C_b + (1-\theta)P] + (1-x)(B_b - C_b) \qquad (5-20)$$

$$\pi_b^2 = x(B_b + A_b - \theta P) + (1-x)(B_b - C_g) \qquad (5-21)$$

$$\overline{\pi_b} = y\pi_b^1 + (1-y)\pi_b^2 \qquad (5-22)$$

所以，购买者选择"购买"策略演化过程的复制动态方程为：

$$\Pi(y) = \frac{dy}{dt} = y(\pi_b^1 - \overline{\pi_b}) = y(1-y)(\pi_b^1 - \pi_b^2) \qquad (5-23)$$

将式（5-20）、式（5-21）代入式（5-23），得：

$$\Pi(y) = y(1-y)[C_g - C_b + x(P - C_g)] \qquad (5-24)$$

三、达到社会最优结果的条件

由提供者、购买者的复制动态方程发现，与演化稳定状态相关的变量有提供者的额外收益（A_p）、提供者的成本（C_p）、购买者的成本（C_b）、上级政府的激励（M_g）、上级政府的约束（C_g）、流域生态系统服务达标的概率（θ）、不达标的惩罚（P），将这些变量按照激励作用和约束作用分为两类，如表 5-6 所示。除了这些变量，提供者和购买者的初始状态，即 x 和 y 的变动也会影响演化稳定结果（董沛武 等，2019）。

表 5-5　影响演化稳定策略的变量分类

	影响提供者 ESS 的变量	影响购买者 ESS 的变量
激励作用	A_p、C_p、M_g	P
约束作用	θ、P、C_g	C_b、C_g

(一) 提供者局部演化稳定策略的分析

与本章第二节一样的分析思路，提供者局部 ESSx^* 仍然需要满足 $\Pi(x^*) = 0$ 和 $\Pi'(x^*) = (1-2x^*)[A_p + M_g + C_g - C_p + y(\theta P - C_g)] < 0$ 两个条件。令 $\Pi(x) = 0$，代入式 (5-19)，解得 $x_1^* = 0$ 和 $x_2^* = 1$ 是两个可能的稳定状态点。

为了便于不同情况的讨论，记 $f(y) = A_p + M_g + C_g - C_p + y(\theta P - C_g)$，此时 $\Pi'(x) = (1-2x)f(y)$。令 $y^* = \dfrac{A_p + M_g + C_g - C_p}{C_g - \theta P}$ 且 $0 \leqslant y^* \leqslant 1$，则有 $f(y^*) = 0$。

情况一：购买者对提供者基于水质的约束强于上级政府对提供者的约束

当购买者对提供者基于水质的约束机制强度更高，以至于强于上级政府对提供者的约束的时候（即 $\theta P - C_g > 0$），提供者的局部 ESS 与购买者中选择"购买"策略的初始比例 y 有关。

因为 $\theta P - C_g > 0$，所以 $f(y)$ 在 $[0, 1]$ 上是单调增函数。那么，①若 $y^* < y \leqslant 1$，则 $f(y) > f(y^*) = 0$。此时，$\Pi'(1) < 0$，$\Pi'(0) > 0$。$x_2^* = 1$ 是提供者的局部 ESS；②若 $0 \leqslant y < y^*$，则 $f(y) < f(y^*) = 0$。此时，$\Pi'(0) < 0$，$\Pi'(1) > 0$。$x_1^* = 0$ 是提供者的局部 ESS。

在购买者对提供者基于水质的约束强于上级政府对提供者的约束的情况下，如果购买者中选择"购买"的比例更高，就会有越来越多的提供者选择"提供"生态系统服务的策略，直到所有提供者都选择"提供"，如图 5-3 中路径 1 所示。但是如果"购买"策略的比例较低，则选择"提供"策略的提供者会有越来越少，直到所有提供者都选择"不提供"，如图 5-3 中路径 2 所示。

情况二：上级府对提供者的约束强于购买者对提供者基于水质的约束

与情况一一样的思路，在上级政府对提供者的约束机制强度更高（即 $\theta P - C_g < 0$）的情况下，提供者的局部 ESS 依旧与购买者中选择"购买"策略的初始比例 y 有关。

因为 $\theta P - C_g < 0$，所以 $f(y)$ 在 $[0, 1]$ 上是单调减函数。那么，①若 $y^* < y \leqslant 1$，则 $f(y) < f(y^*) = 0$。此时，$\Pi'(0) < 0$，$\Pi'(1) > 0$。$x_1^* = 0$ 是提供者的局部 ESS；②若 $0 \leqslant y < y^*$，则 $f(y) > f(y^*) = 0$。此时，$\Pi'(1) < 0$，$\Pi'(0) > 0$。$x_2^* = 1$ 是提供者的局部 ESS。

在上级政府对提供者的约束强于购买者对提供者基于水质的约束的情况下，如果购买者中选择"购买"的比例更高，反而会有越来越多的提供者选择"不提供"生态系统服务的策略，直到所有提供者都选择"不提供"，如图 5-3 中路径 3 所示。如果"购买"策略的比例较低，则会有越来越多的提供者选择

"提供"生态系统服务的策略，直到所有提供者都选择"提供"，如图 5-3 中路径 4 所示。

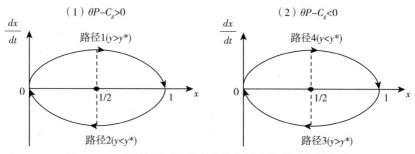

图 5-3　不同情况下提供者的演化博弈复制动态相位图

因为现实中，水质达标的概率受很多因素影响，固定为某一个数值的可能性极低。所以本部分不考虑上级政府对提供者的约束与购买者对提供者基于水质的约束强度完全相等的情况。

（二）购买者局部演化稳定策略的分析

与提供者的分析思路类似，购买者的局部 $\mathrm{ESS}y^*$ 需要满足 $\Pi(y^*)=0$ 和 $\Pi'(y^*)=(1-2y^*)[C_g-C_b+x(P-C_g)]<0$ 两个条件。令 $\Pi(y)=0$，代入式（5-24），解得 $y_1^*=1$ 和 $y_2^*=0$ 是两个可能的稳定状态点。

同样的，记 $g(x)=C_g-C_b+x(P-C_g)$，此时 $\Pi'(y)=(1-2y)f(x)$。令 $x^*=\dfrac{C_g-C_b}{C_g-P}$ 且 $0\leqslant x^*\leqslant 1$，则 $g(x^*)=0$。

情况一：提供者对购买者的约束强于上级政府对购买者的约束

当提供者对购买者的约束机制强度更高，以至于强于上级政府对提供者的约束的时候（即 $P-C_g>0$），购买者的局部 ESS 与提供者中选择"提供"策略的初始比例 x 有关。

因为 $P-C_g>0$，所以 $g(x)$ 在 $[0,1]$ 上是单调增函数。那么，①若 $x^*<x\leqslant 1$，则 $g(x)>g(x^*)=0$。此时，$\Pi'(1)<0$，$\Pi'(0)>0$，$y_1^*=1$ 是购买者的局部 ESS。②若 $0\leqslant x<x^*$，则 $g(x)<g(x^*)=0$。此时，$\Pi'(0)<0$，$\Pi'(1)>0$，$y_2^*=0$ 是购买者的局部 ESS。

在提供者对购买者的约束强于上级政府对购买者的约束的情况下，如果提供者中选择"提供"的比例更高，就会有越来越多的购买者选择"购买"生态系统服务的策略，直到所有购买者都选择"购买"，如图 5-4 中路径 1 所示。但是如果"提供"策略的比例较低，则选择"购买"的购买者会越来越少，直到所有购买者都选择"不购买"，如图 5-4 中路径 2 所示。

情况二：上级政府对购买者的约束强于提供者对购买者的约束

在上级政府对购买者的约束机制强度更高（即 $P-C_g<0$）的情况下，购买者的局部 ESS 依旧与提供者中选择"提供"策略的初始比例 x 有关。

因为 $P-C_g<0$，所以 $f(x)$ 在 $[0,1]$ 上是单调减函数。那么，①若 $x^*<x\leqslant1$，则 $g(x)<g(x^*)=0$。此时，$\Pi'(0)<0$，$\Pi'(1)>0$，$y_2^*=0$ 是购买者的局部 ESS。②若 $0\leqslant x<x^*$，则 $g(x)>g(x^*)=0$。此时，$\Pi'(1)<0$，$\Pi'(0)>0$，$y_1^*=1$ 是购买者的局部 ESS。

在上级政府对购买者的约束强于提供者对购买者的约束的情况下，如果提供者中选择"提供"的比例更高，反而会有越来越多的购买者选择"不购买"生态系统服务的策略，直到所有购买者都选择"不购买"，如图 5-4 中路径 3 所示。如果"提供"策略的比例较低，则会有越来越多的购买者选择"购买"生态系统服务的策略，直到所有购买者都选择"购买"，如图 5-4 中路径 4 所示。

情况三：上级政府和提供者对购买者的约束强度相等

当上级政府和提供者对购买者的约束机制强度没有差异时（即 $P-C_g=0$），购买者的局部 ESS 与提供者选择"提供"策略的比例无关，只与购买者的成本（C_b）和上级政府的约束（C_g）有关。

那么，①当上级政府的约束高于购买者成本时（即 $C_g-C_b>0$），则 $\Pi'(1)<0$，$\Pi'(0)>0$，$y_1^*=1$ 是购买者的局部 ESS。②当购买者的成本高于上级政府约束时（即 $C_g-C_b<0$），则 $\Pi'(0)<0$，$\Pi'(1)>0$，$y_2^*=0$ 是购买者的局部 ESS。

在上级政府和提供者对购买者的约束强度无差别的情况下，购买者不会根据提供者的策略而做出决策。如果上级政府的约束带来的惩罚更高，高于购买者的成本的情况下，会有越来越多的购买者选择"购买"生态系统服务的策略，直到所有购买者都选择"购买"，如图 5-4 中路径 5 所示。如果上级政府的约束带来的惩罚不足，而购买者需要付出的成本更高时，则选择"不购买"策略的购买者越来越多，直到所有购买者都选择"不购买"，如图 5-4 中路径 6 所示。

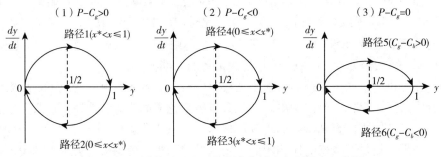

图 5-4　不同情况下购买者的演化博弈复制动态相位图

（三）提供者和购买者的系统演化稳定策略

上文分别分析了提供者和购买者的局部演化稳定策略，可以发现约束机制对两者各自演化稳定的影响更明显。那么在整个系统中提供者和购买者的演化路径是怎样的？需要进一步讨论。

首先，回顾系统演化稳定策略的条件，也就是①雅可比方阵的行列式大于0，即 $|J|>0$；②方阵的特征根之和（行列式的迹）小于0，即 $tr(J)<0$。然后，继续探讨当变量出现何种情况时，局部 ESS 能够满足上述条件。

先联立式（5-19）和式（5-24）构成两种模式下提供者和购买者的系统复制动态方程组：

$$\begin{cases} \Pi(x) = x(1-x)\left[A_p + M_g + C_g - C_p + y(\theta P - C_g)\right] = 0 \\ \Pi(y) = y(1-y)\left[C_g - C_b + x(P - C_g)\right] = 0 \end{cases}$$

$$(5-25)$$

方程组（5-25）解的集合是系统可能出现的演化稳定策略的集合，解得 5 个稳定状态点 (x, y)，分别为：$(0,0)$、$(1,0)$、$(0,1)$、$(1,1)$、(x^*, y^*)。其中，$x^* = \dfrac{C_g - C_b}{C_g - P}$，$y^* = \dfrac{A_p + M_g + C_g - C_p}{C_g - \theta P}$。

复制动态方程组（5-25）的雅可比方阵 J 为：

$$J = \begin{vmatrix} \dfrac{\partial \Pi(x)}{\partial x} & \dfrac{\partial \Pi(x)}{\partial y} \\ \dfrac{\partial \Pi(y)}{\partial x} & \dfrac{\partial \Pi(y)}{\partial y} \end{vmatrix} = \begin{pmatrix} (1-2x)f(y) & x(1-x)(\theta P - C_g) \\ y(1-y)(P - C_g) & (1-2y)g(x) \end{pmatrix}$$

$$(5-26)$$

其中，$g(x) = C_g - C_b + x(P - C_g)$，$f(y) = A_p + M_g + C_g - C_p + y(\theta P - C_g)$。所以 J 的行列式为：

$$\begin{aligned} |J| &= \frac{\partial \Pi(x)}{\partial x} \times \frac{\partial \Pi(y)}{\partial y} - \frac{\partial \Pi(x)}{\partial y} \times \frac{\partial \Pi(y)}{\partial x} \\ &= (1-2x)(1-2y)g(x)f(y) - x(1-x)y(1-y) \\ &\quad (\theta P - C_g)(P - C_g) \end{aligned}$$

$$(5-27)$$

行列式（5-27）的迹为：

$$tr(J) = \frac{\partial \Pi(x)}{\partial x} + \frac{\partial \Pi(y)}{\partial y} = (1-2x)f(y) + (1-2y)g(x)$$

$$(5-28)$$

将 5 个可能的稳定状态点分别代入式（5-27）和式（5-28），得表5-6。

表 5-6　稳定状态点下雅可比方阵 J 的行列式和迹

	(0, 0)	(1, 0)	(0, 1)	(1, 1)	(x^*, y^*)
$\lvert J \rvert$	$g(0)f(0)$	$-g(1)f(0)$	$-g(0)f(1)$	$g(1)f(1)$	$-x^*(1-x^*)y^*(1-y^*)$ $(\theta P - C_g)(P - C_g)$
$tr(J)$	$g(0)+f(0)$	$g(1)-f(0)$	$f(1)-g(0)$	$-g(1)-f(1)$	0

由于变量之间的相互关系不确定，(0, 0)、(1, 0)、(0, 1)、(1, 1) 都可以满足系统演化稳定策略的条件，它们能够成为系统 ESS 的情境分别如下：

情境（Ⅰ）$\begin{cases} C_b < P \leqslant C_g \\ C_p < \theta P + A_p + M_g \end{cases}$，(1, 1) 是系统唯一的 ESS；

情境（Ⅱ）$\begin{cases} C_g < C_b < P \\ C_p < \theta P + A_p + M_g \\ C_g + A_p + M_g < C_p \end{cases}$，(0, 0)、(1, 1) 是系统可能的 ESS；

情境（Ⅲ）$\begin{cases} P < C_b < C_g \\ C_p < A_p + M_g + C_g \\ \theta P + A_p + M_g < C_p \end{cases}$，(1, 0)、(0, 1) 是系统可能的 ESS；

情境（Ⅳ）$\begin{cases} C_g \leqslant P < C_b \\ C_p < A_p + M_g + C_g \end{cases}$ 或 $\begin{cases} P < C_b = C_g \\ C_p < A_p + M_g + C_g \end{cases}$，(1, 0) 是系统唯一的 ESS；

情境（Ⅴ）$\begin{cases} C_b < C_g = P \\ A_p + M_g + \theta P < C_p \end{cases}$，(0, 1) 是系统唯一的 ESS。

因为本书更加关心在什么条件下提供者和购买者可以达到（提供，购买）的演化稳定策略，在什么条件下两者的自身利益以及相互的利益关系可以达到一种有利于社会的平衡关系。所以，下面针对情境（Ⅰ）、情境（Ⅱ），讨论相关变量的变化趋势对系统稳定的影响。

四、流域生态补偿规则建立的模式选择

（一）情境（Ⅰ）的变量讨论

情境（Ⅰ）中的变量条件可以用文字表述为：C_g（上级政府对提供者和购买者的约束机制）强于 P（提供者和购买者的相互约束机制），也高于 C_b（购买者付出的成本），并且 C_p（提供者实施流域生态补偿的成本）足以被 A_p（产生的额外收益）、M_g（上级政府的奖励）和 θP（基于水质的奖

励）涵盖的时候，提供者和购买者的演化博弈逐渐走向社会所期盼的最优结果——（提供，购买）策略，也是唯一的演化稳定策略，演化的过程见图 5-5。

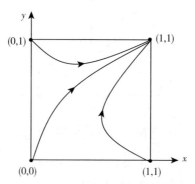

图 5-5　情境（Ⅰ）的系统演化博弈复制动态相位图

该演化过程的关键在于上级政府的激励和约束机制，也可以认为上级政府需要在流域生态补偿的实施中付出更多的金钱和精力。还有一个关键在于提供者和购买者付出的成本都比较小。因此，这种演化的路径更可能出现在流域范围比较小，且流域生态系统服务损失不严重的情境中。

（二）情境（Ⅱ）的变量讨论

情境（Ⅱ）中的变量条件可以用文字表述为：如果 C_b（购买者的成本）介于 C_g（上级政府的约束）与 P（购买者和提供者之间的约束）之间，并且 C_p（提供者实施生态补偿付出的成本）介于 C_g（上级政府的惩罚）、A_p（产生的额外收益）及 Mg（上级政府的奖励）之和与 A_p（产生的额外收益）、M_g（上级政府的奖励）及 θP（基于水质的奖励）之和之间的时候，提供者和购买者的 ESS 既可能是（不提供，不购买），也可能是（购买，提供），系统 ESS 取决于鞍点（x^*，y^*）和初始状态的位置。

整个演化的过程如图 5-6 所示。如果初始状态（x，y）位于四边形 ABEC 内，那么系统将朝着 A 点收敛，该情境的流域生态补偿逐渐走向"囚徒困境"——（不提供，不购买）策略，提供者和购买者都会放任流域环境恶化而不采取任何行动；如果初始状态（x，y）位于四边形 BDCE 内，那么系统将朝着 D 点收敛，该情境的流域生态补偿逐渐走向社会所期盼的最优结果——（提供，购买）策略，提供者和购买者都会积极参与治理流域环境，提供流域生态系统服务。

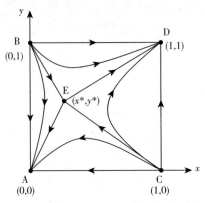

图 5-6　情境（Ⅱ）的系统演化博弈复制动态相位图

要使情境（Ⅱ）的流域生态补偿以更大的概率向（提供，购买）策略演化，可以让四边形 BDCE 区域的面积更大，那么初始状态位于四边形 BDCE 内的可能性就更大，也就越有可能朝着 D 点方向演化。因此，讨论变量对提供者和购买者系统演化稳定策略的影响，可以转化为讨论变量对四边形 BDCE 面积的影响。根据图 5-6，四边形 BDCE 面积为：

$$S_{BDCE} = \frac{1}{2}(1 - x^*) + \frac{1}{2}(1 - y^*) = \frac{1}{2}\left(\frac{P - C_b}{P - C_g} + \frac{C_p - A_p - M_g - \theta P}{C_g - \theta P}\right)$$

判断得出：A_p、M_g 与 S_{BDCE} 正向变动，C_b、C_p 与 S_{BDCE} 负向变动。为了判断 C_g、P、θ 和 S_{BDCE} 的关系，对它们分别求偏导，得到：

$$\frac{\partial S_{BDCE}}{\partial C_g} = \frac{1}{2}\left(\frac{1}{(P - C_g)^2} + \frac{1}{(\theta P - C_g)^2}\right) > 0$$

$$\frac{\partial S_{BDCE}}{\partial P} = \frac{1}{2}\left(\frac{C_b - C_g}{(P - C_g)^2} + \frac{\theta(C_p - A_p - M_g - C_g)}{(\theta P - C_g)^2}\right) > 0$$

$$\frac{\partial S_{BDCE}}{\partial \theta} = \frac{1}{2}\left(\frac{\theta(C_p - A_p - M_g - C_g)}{(\theta P - C_g)^2}\right) > 0$$

所以，S_{BDCE} 分别是 C_g、P、θ 的单调增函数，即 C_g、P、θ 与 S_{BDCE} 正向变动。7 个变量对 S_{BDCE} 的影响如表 5-7 所示。

表 5-7　变量对系统演化稳定策略的影响

变量变化	S_{BDCE} 变动	系统演化稳定策略的方向
A_p 增加	增加	（提供，购买）
M_g 增加	增加	（提供，购买）
C_b 增加	减少	（不提供，不购买）
C_p 增加	减少	（不提供，不购买）

（续）

变量变化	S_{BDCE}变动	系统演化稳定策略的方向
C_g 增加	增加	（提供，购买）
P 增加	增加	（提供，购买）
θ 增加	增加	（提供，购买）

由表 5 - 7 可得，增加流域生态补偿产生的额外效益、加大对提供者的激励力度、提高上级政府的约束机制、提高提供者和购买者之间基于水质的约束机制强度、增加生态系统服务达标的概率以及减少提供者和购买者的成本，都可以增加提供者和购买者选择（提供、购买）策略的概率。

情境（Ⅱ）更有可能发生在流域范围较大，治理成本较高的地区。此时，上级政府的激励和约束机制难以顾及所有提供者和购买者，稍有不慎就会走向（不提供，不购买）的囚徒困境，所以需要依靠提供者和购买者之间的约束机制。若他们之间建立的相互约束机制能够基于一定数量的生态系统服务的、制订一个合理的惩罚标准，那么流域生态补偿的演化路径就更可能朝着（提供，购买）方向演化。

第四节　对规则建立与模式选择的再验证

系统动力学（system dynamics，SD）是一门认识与解决系统问题、沟通自然科学与社会科学的学科，它通过建立数学模型，采用专用语言，借助数字计算机进行模拟分析，以处理行为随时间变化的复杂系统问题（王其藩，2009）。系统动力学由麻省理工学院的福瑞斯特教授在 1956 年创立，最初被应用于工业企业管理（王其藩，2009）。后来，由于其在研究复杂非线性系统方面有着无可比拟的优势，被广泛应用于区域与城市规划（石崧 等，2015）、可持续发展（宋世涛 等，2004）、环境政策（林敏 等，2018）等领域。

本节立足于系统动力学方法，建立流域生态补偿演化博弈的 SD 模型，运用 Vensim 软件，模拟在不同条件下购买者和提供者演化博弈的均衡结果，以及各个参数变化对演化稳定策略的影响。

一、系统动力学的分析基础

利用系统动力学分析流域生态补偿演化博弈问题的适用性体现在研究对象、研究原理、研究目的 3 个方面。

第一，研究对象具有一致性。系统动力学的研究对象是系统，社会系统、经济系统、生态系统都在研究范围之内，它强调的是系统的观点，联系、发展与运动的观点（王其藩，1995）。流域生态补偿毫无疑问是一个关于生态、经济和社会的开放系统，加之流域本身的特点，适合用系统动力学的方法分析。并且，近两年，在生态补偿领域使用系统动力学，已出现了一些研究成果，比如，讨论地方政府在推广市场化生态补偿扶贫项目的作用（王晓莉 等，2018）、计算流量型污染的生态补偿主体福利水平变化（姜珂 等，2019）、比较流域生态补偿不同融资渠道的效果（张明凯 等，2018）。

第二，研究原理相契合。系统动力学里，描述系统的基本方程是微分方程①（王其藩，1995），演化博弈分析参与者学习和决策过程常用方法之一，亦是构建常微分方程。用系统动力学模拟与分析博弈参与者动态行为的研究原理，与演化博弈理论相契合。

第三，研究目的关注行为趋势。系统动力学首先强调的是系统结构而不是参数值的估计（许光清 等，2016）。如果模型的结果有误，那么参数值估计得再精确也不会得到有意义的结论。在一个因果关系正确的模型里，如果能达到50%左右的准确度，就已满足要求，能产生符合实际的模拟结果（王其藩，2009）。本章的研究关心的是流域生态补偿提供者和购买者随时间变化的行动趋势及结构变化的影响，并不要求参数值具有很高的精度。所以系统动力学允许经验赋值，适用于复杂系统随时间变化的研究。

系统动力学解决问题的过程，大体分为系统分析、系统结构的分析、建立定量的规范模型、模型模拟与政策分析、检验评估模型（王其藩，2009）。具体到解决流域生态补偿演化博弈的问题上，基本步骤如下。

第一步，系统分析，明确研究问题的目的。本节有以下 3 个目的：①进一步明晰流域生态补偿各个变量之间的关系，对系统的结构予以明确的体现；②模拟在不同变量参数下，系统所表现的动态发展趋势；③对流域生态补偿进行动态仿真，观测当只变动一个变量而控制其他变量时，流域生态补偿行动者的决策演变过程。总的来说，本节系统动力学模型的建立目的是为了检验前文的演化博弈理论。检验理论也是系统动力学模型有价值的用途之一（王其藩，2009）。

第二步，分析系统的结构。分析流域生态补偿中变量、变量间的关系等，这一步在前文已经解决。

第三步，建立定量的规范模型，即流域生态补偿的系统流图。系统流图是系统动力学建模的基础（许光清 等，2016），需要确定流域生态补偿情境中变

---

① 显然，并非每种系统或一个系统的每一部分都能用数学精确表达，这里仅涉及可以定量描述的系统。

量的状态、速率、辅助变量与建立主要变量之间的数量关系，为实现政策仿真目的奠定基础。这一步在前文已经解决，流图在稍后的分析中具体解释。

第四步，模型模拟与政策分析，把确定的变量参数值代入模型中进行计算。本节运用 Vensim 软件实现模拟，它是一个可视化建模软件，可以描述系统结构、模拟系统行为，并对结果进行分析。

第五步，检验评估模型，根据仿真结果修正结构或参数等。这一步的内容并不是在最后做，而是在上述步骤中分散进行的（王其藩，2009）。

综上所述，利用系统动力学解决问题的实质，就是明确研究问题的目的之后，分析内部变量、外部变量之间的主要关系及其组成结构，确定状态、速率、辅助和主要变量，建立系统流图，然后在变量之间建立关系，用微分方法在时间轴上模拟变量随时间的发展变化，分析系统发展的趋势，并对影响系统发展的变量进行调整。图 5-7 可以说明用系统动力学分析流域生态补偿现实问题的过程。

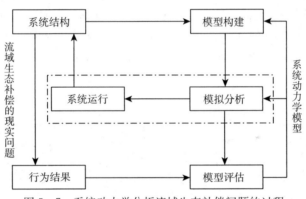

图 5-7　系统动力学分析流域生态补偿问题的过程

二、自然状态下流域生态补偿演化博弈的 SD 模型

（一）SD 模型的变量类型

Vensim 软件有一套自己的系统流图语言，因此在建模之前先简单介绍一下该软件中的变量类型和主要符号，如表 5-8 所示。

表 5-8　Vensim 变量类型、符号和解释

变量类型	符号	解释
状态变量	▭	随时间变化的值，当前时刻的值是过去时刻的值加上这一段时间的变化量，即速率变量的积分

（续）

变量类型	符号	解释
速率变量	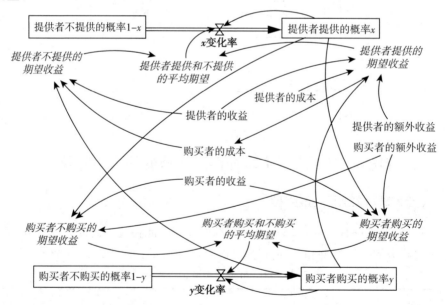	反映状态变量变化速度的量，本质上和辅助变量没有区别
辅助变量	○	由系统其他变量计算获得，当前时刻的值和历史时刻的值相互独立
常量	同辅助变量	不随时间变化的值

注：整理自文献（王其藩，2009）

（二）系统流图的构建

根据自然状态的流域生态补偿演化博弈分析，构建了该情境下流域生态补偿的系统流图（图5-8）。其中：状态变量4个，即提供者不提供、提供的概率，购买者不购买、购买的概率；速率变量2个，即 x 变化率和 y 变化率；辅助变量6个，即提供者不提供、提供和两者平均的期望收益，购买者不购买、购买和两者平均的期望收益；常量6个，即演化博弈模型中的变量。箭头表示两个变量存在相关关系，即箭头源的变量会影响箭头指向的变量。

图5-8　自然状态下流域生态补偿演化博弈的系统流图

为了简约美观，常量没有用符号表示，只标出变量名称。速率变量名称加粗表示，辅助变量名称斜体表示。下同。

（三）变量的方程和赋值

首先，根据式（5-1）至式（5-9）写出 SD 模型中速率变量和辅助变量的方程式，具体为：①提供者提供、不提供和两者平均的期望收益分别由式（5-1）、式（5-2）、式（5-3）确定；②购买者购买、不购买和两者平均的期望收益分别由式（5-6）、式（5-7）、式（5-8）确定；③ x 变化率和 y 变化率分别由式（5-4）和式（5-9）确定。

然后，考虑各个常量的改变对模型的敏感性以及约束条件的限制，并参考其他研究的做法（林敏 等，2018；杨光明 等，2019；刘加伶 等，2019），对常量赋如下初始值：提供者的成本（C_p）＝2，提供者的收益（B_p）＝3，提供者的额外收益（A_p）＝3，购买者的成本（C_b）＝1，购买者的收益（B_b）＝4，购买者的额外收益（A_b）＝4。赋值的约束条件是概率 x、y 均位于［0，1］区间且满足自然状态下流域生态补偿系统 ESS 的条件（提供者的额外收益大于成本）。

（四）运行时间单位的选择

Vensim 软件通过时间离散化解决连续问题，因此需要选择时间步长 Time Step，并且该选择会影响模拟结果的准确度。根据王其藩（2009）的研究结果，选择时间步长的经验法则是在 0.1~0.5 中取值。因此，基于经验法则和流域治理需要较长时间的实际情况，设置 Time Step ＝ 0.5，模拟周期为 20，初始时间（Initial Time）＝0，终止时间（Final Time）＝20，时间单位（Unit for Time）＝年（Year）。

（五）模拟结果

在自然状态下的流域生态补偿演化博弈 SD 模型中，假设提供者的初始状态是不提供的纯策略，即 $x＝0$，购买者的初始状态是购买的纯策略，即 $y＝1$。此时系统是稳定，该初始状态不会发生改变，也无法对流域产生好的影响。

一旦提供者选择提供的概率以 0.01 的突变进行演化，购买者发现采取新的策略会使其获得更高的期望收益时，也会迅速转向新策略，即从购买选择不购买。系统达到新的均衡状态是（提供，不购买），如图 5-9 所示。这说明，在提供者的额外收益大于成本的情况下，提供者只要有微小意愿改变现有状况，采取保护流域的行动，作出提供流域生态系统服务的决策，那么就会演化至（提供，不购买）的策略。但这并不是社会最优结果。

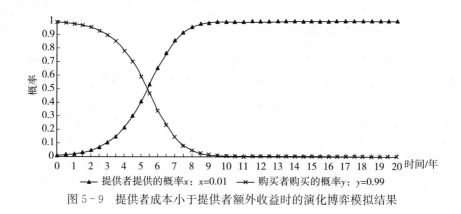

提供者提供的概率x: x=0.01　　提供者购买的概率y: y=0.99

图 5-9　提供者成本小于提供者额外收益时的演化博弈模拟结果

三、流域生态补偿模式的验证

(一) 增加变量与流图构建

根据政府管制模式和基于生态系统服务协议模式下的流域生态补偿演化博弈分析，新增 4 个常量（即上级政府约束、上级政府激励、流域生态系统服务达标的概率以及不达标的惩罚），构建两种模式下流域生态补偿演化博弈的系统流图，见图 5-10。

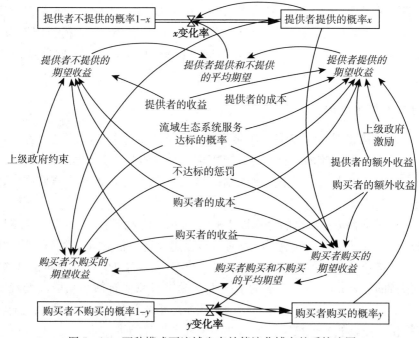

图 5-10　两种模式下流域生态补偿演化博弈的系统流图

沿用之前的思路对新增变量赋值。首先，修改 SD 模型中速率变量和辅助变量的方程式，具体为：①提供者提供、不提供和两者平均的期望收益分别由式（5-15）、式（5-16）、式（5-17）确定；②购买者购买、不购买和两者平均的期望收益分别由式（5-20）、式（5-21）、式（5-22）确定；③x 变化率和 y 变化率分别由式（5-18）和式（5-23）确定。然后，对新增常量赋如下初始值：上级政府的激励（M_g）=0.5，上级政府的约束（C_g）=3，流域生态系统服务达标的概率（θ）=0.6，不达标的惩罚（P）=2。最后，运行时间步长、模拟周期以及单位不变。

（二）情境（Ⅰ）的模拟结果

令提供者的额外收益（A_p）=1.5，购买者的成本（C_b）=1，提供者的成本（C_p）=3 或 2，情境（Ⅰ）$C_b < P \leqslant C_g$ 且 $C_p < \theta P + A_p + M_g$ 的约束条件成立。

提供者和购买者的策略概率 x 和 y 均以 0.01 的突变从 0 进行演化，此时模拟结果见图 5-11。结果与前文分析一致，在情境（Ⅰ）里流域生态补偿系统 ESS 为（提供，购买），即提供者会选择提供的策略，购买者会选择购买的策略，系统会走向社会最优结果。

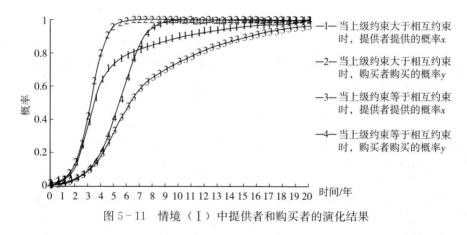

图5-11　情境（Ⅰ）中提供者和购买者的演化结果

从图 5-11 中得到两个发现。第一，当上级政府约束大于相互约束时，提供者和购买者的曲线都比上级政府约束等于相互约束的时候更快收敛于 1。说明随着上级政府约束的加强，提供者和购买者会加快达到（提供，购买）的速度。第二，与提供者相比，购买者会更快采取购买策略，说明购买者在流域生态补偿中会表现出更加积极的态度。

(三) 情境（Ⅰ）的变量灵敏度分析

将上级政府的激励（M_g）、上级政府的约束（C_g）、流域生态系统服务达标的概率（θ）、不达标的惩罚（P）、购买者的成本（C_b）、提供者的成本（C_p）作为目标变量，分析它们的微小改变如何影响提供者和购买者决策的概率。

设提供者和购买者决策选择的初始概率均为 0.5，在控制其余变量不变的情况下，对某一个目标变量分别增加 5％ 和减少 5％，进行模拟。模拟结果中，同一时间初始状态的变动百分比作为该目标变量的灵敏度，各个变量的灵敏度结果如图 5 - 12 所示。

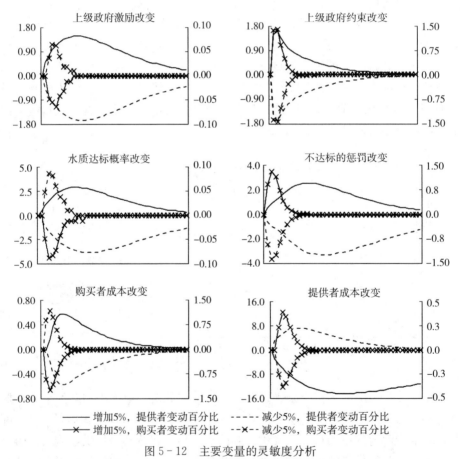

图 5 - 12　主要变量的灵敏度分析

主坐标轴（左）是提供者决策概率的变动比率，次坐标轴（右）是购买者决策概率的变动比率，单位％。横轴为时间，单位年。

首先，提供者普遍对六个变量的变动都更加敏感。变量的变动对提供者的影响更大，时间持续更长。除了购买者成本之外，其余变量对提供者的影响（波峰、波谷的绝对值）都在1%以上。对购买者的影响（波峰、波谷绝对值）都低于1.5%，其中上级政府激励、水质达标概率低于0.1%，几乎没有影响。

其次，除了增加提供者成本对提供者选择提供的概率影响为负之外，增加其余5个变量对提供者选择提供的概率影响均为正。但提供者成本的变动对提供者选择提供的概率影响最为敏感，在第十年左右变动百分比达到14.3%。因此，需要重视在流域生态补偿中减少提供者成本的问题，让提供者的补偿资金使用更有效率是上下游建立生态补偿的重要实现途径之一。

最后，增加上级政府约束和增加不达标的惩罚对购买者选择购买的概率影响为正，增加其余四个变量对购买者选择购买的概率影响均为负。其中，上级政府约束的变动对购买者选择策略影响最灵敏，在第一年左右，变动百分比是1.38%。所以，如果想要购买者选择购买的概率变大，那么对其增加上级政府约束比增加上下游之间的相互约束更有效果。

（四）情境（Ⅱ）的模拟结果

令提供者的额外收益（A_p）=1.5，购买者的成本（C_b）=2，提供者的成本（C_p）=3.5，将初始赋值变动为上级政府的约束（C_g）=1，不达标的惩罚（P）=3，情境（Ⅱ）$C_g < C_b < P$ 且 $C_g + A_p + M_g < C_p < \theta P + A_p + M_g$ 的约束条件成立。

根据本章第三节的"三、达到社会最优结果的条件"中"（三）提供者和购买者的系统演化稳定策略"分析，情境（Ⅱ）中系统 ESS 的两种可能性——（0，0）或（1，1），取决于提供者和购买者的初始概率和鞍点。根据模拟数值计算得，鞍点为（0.5，0.625）。

当提供者选择提供的初始状态概率 x=0.5，购买者选择购买的概率 y 分别为0.2、0.63、0.8的时候，模拟结果如图5-13中A所示。控制其他变量不变，当 y 在（0.62，1]区间取值的时候，随着购买者选择购买的概率增加，提供者选择提供的概率也会随之增加。同样的，当购买者选择购买的初始态概率 y=0.625，提供者选择提供的概率 x 分别为0.2、0.51、0.8的时候，模拟结果如图5-13中B所示。控制其他变量不变，当 x 在（0.5，1]区间取值的时候，随着提供者选择提供的概率增加，购买者选择购买的概率也会随之增加。

因此，在不改变其他变量的情况下，如果提供者初始状态 x 在（0.5，1]区间、购买者初始状态 y 在（0.62，1]区间，那么系统 ESS 可以演化为（1，1）。

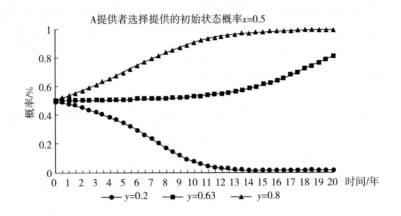

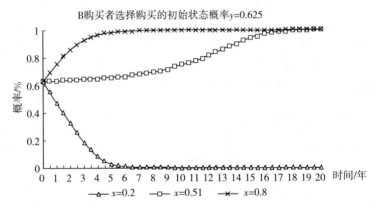

图5-13 情境（Ⅱ）不同初始状态的提供者和购买者的演化结果

（五）情境（Ⅱ）变量改变对模拟结果的影响

当提供者和购买者的初始状态为（0.5，0.5）时，系统 ESS 是（不提供，不购买），若变量不变，只能通过改变提供者和购买者的初始状态来使得系统达到（提供，购买）的社会最优结果。但是这种情况在现实中很难操作，改变提供者和购买者的初始状态可能需要漫长的时间。而且从图5-13也能看出，即使初始状态发生改变，它对提供者和购买者决策行为的影响也需要较长的时间才能起作用。因此，在现实中更有可能通过改变情境（Ⅱ）的变量来实现系统 ESS。参考图5-6和表5-7，对影响提供者和购买者选择决策的7个变量重新赋值，并将7个变量按照影响机制的类型分为3组，如表5-9所示。

控制其他变量，按照表5-9的数值只调整一个变量对模型进行模拟，结果如图5-14所示。首先，当控制其他变量不变，调整某一变量后，系统 ESS

表 5-9 情境（Ⅱ）变量的变动情况

影响机制	变量变动方向	具体数值变动
上级政府激励—约束机制	C_g 增加	1→1.5
	M_g 增加	0.5→0.62
提供者和购买者基于水质的激励—约束机制	P 增加	3→4
	θ 增加	0.6→0.7
提供者和购买者自身的成本—收益机制	C_p 减少	3.5→3.25
	C_b 减少	2→1.5
	A_p 增加	1.5→2

均能由原来的（不提供，不购买）变为（提供，购买）。然后，比较图 5-14
的 A 和 B 可以看出，提供者和购买者的相互约束机制在情境（Ⅱ）的条件下
确实比上级政府的激励—约束机制更加有效。表现在：图 5-14B 中曲线 1、
曲线 2 比图 5-14A 中曲线 3、曲线 4 更快演化至稳定状态（提供，购买）。最
后还可以发现，在每一变量的变动里购买者总是比提供者更快达到自己的演化
稳定状态，即选择购买策略。这与情境（Ⅰ）的灵敏度分析结论类似，相比于
提供者，购买者总是会作出更积极的响应。

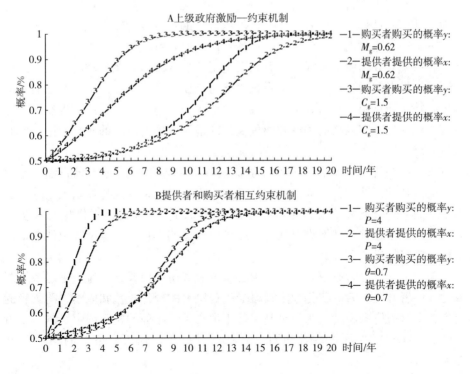

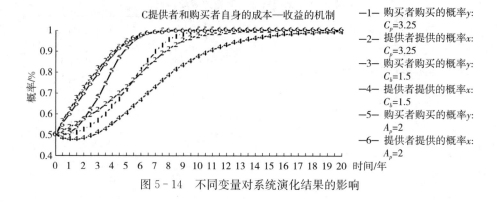

图 5-14　不同变量对系统演化结果的影响

第五节　本章小结

建立流域生态补偿规则的基础是本章探讨的科学问题，需要围绕协调流域流经地区的利益关系来进行规则设计。为了解释该问题，本章运用演化博弈的方法首先求解了自然状态下流域利益相关者的策略选择，在没有规则激励和约束情况下，很难自发产生流域生态补偿。所以需要制订规则来影响流域生态补偿中上下游的决策行为。那么，在政府主导的流域生态补偿中，是上一级政府作为规则的制订者和决策者，还是让流域流经的地方政府作为规则的主体，是流域生态补偿建立模式时要作出的选择，即政府管制模式、提供者和购买者基于生态系统服务的协议模式。接着，讨论了在加入政府管制模式的激励—约束机制、提供者和购买者基于生态系统服务协议模式的激励—约束机制之后的流域生态补偿演化稳定策略。最后，结合系统动力学仿真揭示了流域生态补偿参与者实现演化稳定策略的条件和两种模式的适用范围。本章的研究结论主要有以下几点。

第一，在自然状态下流域生态系统服务提供者和购买者之间的博弈过程中，提供者的额外收益、成本和购买者的成本是影响系统演化稳定策略的重要因素。当额外收益大于成本时，会有越来越多的提供者选择提供生态系统服务。但现实中这种条件很难出现，因此难以通过调节自身变量来实现社会最优稳定策略（提供，购买）。

第二，在政府管制模式和基于生态系统服务协议模式下，流域生态系统服务的提供者和购买者的演化稳定策略受到提供者的额外收益和成本、购买者的成本、上级政府的激励—约束机制和基于生态系统服务的相互约束机制等变量的影响，同时也受到提供者和购买者选择（提供，购买）策略的初始状态影响。

第三，在提供者和购买者实施流域生态补偿成本较低的情况下，政府管制模式的激励—约束机制更有利于提供者和购买者向社会最优策略（提供，购买）演化。在该情境下，提供者比购买者对变量的变动更加敏感，其中提供者成本的变动对提供者选择提供的概率影响最高，上级政府约束的变动对购买者选择策略的影响最高。

第四，在提供者和购买者实施流域生态补偿成本较高的情况下，基于生态系统服务协议模式可能比上级政府约束模式更有效。此时通过增加流域生态补偿产生的额外效益、加大对提供者的激励力度、增加生态系统服务达标的概率等方式都可以提高提供者和购买者选择（提供，购买）策略的可能性。而且流域生态系统服务的购买者会对变量的变动作出比提供者更积极的响应。

基于此，提出了依据实施生态补偿成本来选择不同模式的合理性建议。在实施流域生态补偿成本较低的流域，上级政府可以通过增加激励促使提供者和购买者采取（提供，保护）的社会最优策略，并且可以考虑加大对购买者的约束强度。当实施成本较高的时候，则会出现上级政府难以约束的情况，那么需要鼓励提供者和购买者建立基于生态系统服务标准的约束体系，完善对提供者的技术支持，帮助其达到生态系统服务标准，并加大对提供者的经济激励，那么流域生态补偿的演化路径就更可能朝着（提供，购买）方向演化。

06 第六章

流域生态补偿的规则体系与
具体应用

在第五章中，通过在提供者和购买者构成的演化博弈模型中加入激励—约束机制，来求证流域生态补偿需要外界条件的影响才能实现社会帕累托最优。但是在实际操作中，并非简单地直接加入经济激励或惩罚约束就能够达到流域生态补偿制度的预期目标。流域生态补偿是一种复杂的环境治理制度，是依据流域所在的物质自然属性、社会经济背景和人口情况等条件构建出的，具有促进生态系统服务供给功能的制度。正如第三章的概念界定所述，制度本质上是规则体系，确定或限制了社会经济主体互动行为（田国强等，2018）。规则是参与其中的人们的共同协议，它是关于什么行动（或世界的状态）是必需的、禁止的或者允许的强制性规定（Ostrom et al.，1994）。流域生态补偿的规则体系既是流域生态补偿行动者的行为准则，也是实施生态补偿能够达到预期效果的重要保障。因此，对以制度安排为重点的流域生态补偿进行分析，有助于提高对生态补偿制度与实施效果之间关系的理解，明晰流域治理中复杂协调与合作背后的"黑匣子"，从而指导流域生态补偿项目的实践。

那么在流域生态补偿的语境下，哪些应用规则最有可能促使流域生态补偿项目达到预期效果呢？为了回答该问题，本章首先介绍中国法律法规层面的流域生态补偿规则体系，从规则的演变和联系出发，理解流域生态补偿规则的层次性以及不同层次之间的互动关系；其次，运用系统评价法对广泛的文献进行回顾，总结一组特定的流域生态补偿应用规则；最后，应用该组规则分析国家试点项目——新安江流域上下游横向生态补偿机制，扫描该流域生态补偿制度运行中遵从和缺失的应用规则，是否在不同行动者之间建立起合理的关于利益协调和分配的规则，建立的应用规则体系是否有助于流域生态补偿制度的运行。

第一节　规则体系：流域生态补偿的规则层次与联系

一、流域生态补偿的规则演变

奥斯特洛姆认为，规则可以分为宪法选择层次（constitutional-choice level）、集体选择层次（collective-choice level）、操作层次（operational level）3个层级（McGinnis，2011）。操作层次规则直接影响行动情境中行动者的决策行为。集体选择层次规则间接影响操作选择，通常决定操作活动参与者的资质和改变操作规则。宪法选择层次规则通过决定谁具有资格决定用于影响集体选择层次规则的特殊规则（奥斯特罗姆，2000）。中国流域生态补偿制度把以上3个层次近似为：有关流域产权的国家法律法规——宪法选择，开展流域生态补偿的地方政策规定——集体选择，以及实施流域生态补偿的具体应用规则——操作规则。在一个行动层面上能做什么，取决于这一层次和更高层次规则的约束，在某一层面上，规则的变化出现在更深层次的一组规则中（奥斯特罗姆，2004）。因此，要研究流域生态补偿的应用规则首先需要梳理"规则的规则"的演变过程①。

（一）初始阶段（1949—2004 年）：奠定补偿基础

在中国，水资源归国家所有。《中华人民共和国宪法》（以下简称《宪法》）规定："矿藏、水流、森林、山岭、草原、荒地、滩涂等自然资源，都属于国家所有，即全民所有；由法律规定属于集体所有的森林和山岭、草原、荒地、滩涂除外。"更具体的是 1988 年《中华人民共和国水法》（以下简称《水法》）的颁布，规定了："水资源属于国家所有，即全民所有……国家保护依法开发利用水资源的单位和个人的合法权益。"法律在这里明确规定流域水资源的所有权归国家所有，也隐含深意：流域水资源的使用权由流域范围内所有居民共同享有。但此时流域水资源的使用是无偿的，并没有明确其价值。直到 2002年《水法》修订，增加"国家对水资源依法实行取水许可制度和有偿使用制度"和"国家对水资源实行流域管理与行政区域管理相结合的管理制度"。这里既完成了流域水资源由无偿使用向有偿使用的转变，也强调了流域管理与行政区域管理共同进行的新管理体制。同一时期，《中华人民共和国环境保护法》

---

① 流域生态补偿最主要的是水资源和水环境的生态补偿。这里不讨论渔业、生物多样性等其他类型生态系统服务的补偿规则。

（以下简称《环境保护法》）规定："对保护和改善环境有显著成绩的单位和个人，由人民政府给予奖励。"这是生态系统服务的生态价值得以显化为经济价值的基础。

1949—2004 年，关于水的法律法规都在为明确流域生态补偿的核心要素奠定基础：流域水资源的产权归国家所有，但流域地区可以使用而且使用是有偿的；流域管理应是行政区域和流域区域相结合的管理；保护和改善流域环境是可以被奖励的。但是这一时期的流域生态补偿主要依附于环境保护和环境管制，未能体现生态系统服务的正外部性和谁受益谁补偿的原则，也没有提出生态补偿的概念[①]。

（二）形成阶段（2005—2012 年）：补偿试点探索

2005 年，党的十六届五中全会《关于制定国民经济和社会发展第十一个五年规划的建议》首次提出，"按照谁开发谁保护、谁受益谁补偿的原则，加快建立生态补偿机制。"同年 12 月，《国务院关于落实科学发展观加强环境保护的决定》明确"要完善生态补偿政策，尽快建立生态补偿机制。中央和地方财政转移支付应考虑生态补偿因素，国家和地方可分别开展生态补偿试点。"2007 年，《关于开展生态补偿试点工作的指导意见》提出"推动建立流域水环境保护的生态补偿机制。"2008 年 2 月，《中华人民共和国水污染防治法》（以下简称《水污染防治法》）修订，规定"国家通过财政转移支付等方式，建立健全对位于饮用水水源保护区区域和江河、湖泊、水库上游地区的水环境生态保护补偿机制。"2011 年，国务院《"十二五"节能减排综合性工作方案》要求，改进和完善资源开发生态补偿机制，开展跨流域生态补偿试点工作。2012 年，中国首个上下游横向补偿试点——新安江流域生态补偿机制应运而生。

至此，流域生态补偿开始受到中央和地方的重视，这一阶段出现了很多流域生态补偿试点的探索。截至 2012 年底，除了安徽和浙江建立了首个跨省流域的生态补偿试点项目之外，河北子牙河流域、辽宁辽河流域、江苏太湖流域、浙江钱塘江流域、福建闽江流域和九龙江流域、江西东江流域、山东小清河流域、河南沙颍河流域、湖北汉江流域、贵州红枫湖流域、陕西渭河流域、青海三江源流域多达 12 个流域[②]也建立了省（市）内的流域生态补偿制度。

在这一阶段，中央政府和地方政府都或多或少地对流域生态补偿进行了创新，中央政府鼓励、引导下游地区对上游地区的流域生态补偿，地方政府也积

---

① 初始阶段的生态补偿主要是森林生态补偿，依靠中央专线资金实施重大生态环境保护项目，包括三北防护林建设、退耕还林还草等，也为流域生态补偿的建立提供了经验。

② 作者根据政策文件不完全统计得到的数字。

极探索——实施流域生态受益地区对生态保护地区的生态补偿，积累了很多实践经验。但是补偿方式普遍是"输血式"中央财政转移，比较单一。

（三）发展阶段（2013—2016 年）：补偿经验整合

2012 年 11 月，党的十八大把生态文明建设纳入中国特色社会主义事业"五位一体"总体布局，生态补偿制度也首次被写入党的报告。党的十八大报告提出要"深化资源性产品价格和税费改革，建立反映市场供求和资源稀缺程度、体现生态价值和代际补偿的资源有偿使用制度和生态补偿制度。"在 2014年 4 月修订的《中华人民共和国环境保护法》中，新增生态补偿内容[①]。2014年，江苏省苏州市出台《苏州市生态补偿条例》，为苏州市生态补偿机制的规范运作提供了法律依据，同时也成为我国生态补偿立法中的重要里程碑（靳乐山 等，2018）。2015 年，《关于加快推进生态文明建设的意见》将生态补偿明确定义为生态损害者赔偿、受益者付费、保护者得到合理补偿的运行机制。同年 9 月，《生态文明体制改革总体方案》专设章节讨论生态补偿。新安江流域生态补偿第一轮试点结束，受到高度认可，根据试点经验，开展以地方补偿为主、中央财政给予支持的横向流域生态补偿制度建设。继续鼓励各地区开展生态补偿试点，推动在九洲江、汀江－韩江等流域开展跨区域生态补偿试点。"十三五"规划也提出建立健全流域横向生态补偿机制。2016 年 4 月，国务院办公厅印发《关于健全生态保护补偿机制的意见》，这是首次以专门性文件论述该问题，并且在顶层设计层面详细规定了如何实现流域生态补偿的有效性和长期性。同年 12 月，财政部、环境保护部、发展改革委、水利部 4 个部门联合印发了《关于加快建立流域上下游横向生态保护补偿机制的指导意见》，除了经济补偿之外，鼓励受益地区与保护地区、流域下游与上游通过对口协作、产业转移、人才培训、共建园区等方式建立横向补偿关系。

该阶段整合多个试点经验，流域生态补偿机制由省内补偿走向跨省补偿，再试图推广到涉及多个省、市的长江流域，开始在建立稳定投入机制、推进横向流域生态补偿机制和推进生态补偿法制化等方面创新。这一阶段为我国全面建立长效化的流域生态补偿机制总结经验，指明方向。

（四）完善阶段（2017—2021 年）：建立健全制度

从 2017 年开始，国家出台了一系列有关生态环境保护和生态补偿的政策

---

① 第三十一条：国家建立、健全生态保护补偿制度。国家加大对生态保护地区的财政转移支付力度。有关地方人民政府应当落实生态保护补偿资金，确保其用于生态保护补偿。国家指导受益地区和生态保护地区人民政府通过协商或者按照市场规则进行生态保护补偿。

法规（表6-1），围绕建立健全流域生态补偿制度，进一步调整生态补偿的原则和目标，严格执行生态保护红线制度，基本实现流域生态补偿在中国各个省、市全覆盖。在该阶段，流域生态补偿项目的规模在扩大，补偿资金在增加，政策法规也在不断完善。

表6-1 2017—2021年的流域生态补偿关键制度

时　间	法律法规条例名称	主要内容
2017年2月	《关于划定并严守生态保护红线的若干意见》	加大生态保护补偿力度。财政部会同有关部门加大对生态保护红线的支持力度，加快健全生态保护补偿制度，完善国家重点生态功能区转移支付政策。推动生态保护红线所在地区和受益地区探索建立横向生态保护补偿机制，共同分担生态保护任务
2017年6月修订	《中华人民共和国水污染防治法》	省、市、县、乡建立河长制，分级分段组织领导本行政区域内江河、湖泊的水资源保护、水域岸线管理、水污染防治、水环境治理等工作 国务院环境保护主管部门和省、自治区、直辖市人民政府环境保护主管部门应当会同同级有关部门根据流域生态环境功能需要，明确流域生态环境保护要求，组织开展流域环境资源承载能力监测、评价，实施流域环境资源承载能力预警
2018年2月	财政部《关于建立健全长江经济带生态补偿与保护长效机制的指导意见》	中央对省级行政区域内建立生态补偿机制的省份，以及流域内邻近省（市）间建立生态补偿机制的省份，给予引导性奖励。同时，对参照中央做法建立省以下生态环保责任共担机制较好的地区，通过转移支付给予适当奖励
2018年9月	《乡村振兴战略规划（2018—2022年）》	建立长江流域重点水域禁捕补偿制度，鼓励各地建立流域上下游等横向补偿机制。推动市场化多元化生态补偿，建立健全用水权、排污权、碳排放权交易制度
2018年12月	《建立市场化、多元化生态保护补偿机制行动计划》	探索建立流域下游地区对上游地区提供优于水环境质量目标的水资源予以补偿的机制
2019年4月	《关于统筹推进自然资源资产产权制度改革的指导意见》	健全水资源资产产权制度，根据流域生态环境特征和经济社会发展需求确定合理的开发利用管控目标，着力改变分割管理、全面开发的状况，实施对流域水资源、水能资源开发利用的统一监管
2019年12月	《长江三角洲区域一体化发展规划纲要》	完善跨流域跨区域生态补偿机制。建立健全开发地区、受益地区与保护地区横向生态补偿机制，探索建立污染赔偿机制。在总结新安江建立生态补偿机制试点经验的基础上，研究建立跨流域生态补偿、污染赔偿标准和水质考核体系，在太湖流域建立生态补偿机制，在长江流域开展污染赔偿机制试点

（续）

时　间	法律法规条例名称	主要内容
2020 年 11 月	《中共中央关于制定国民经济和社会发展第十四个五年规划和二〇三五年远景目标的建议》	建立生态产品价值实现机制，完善市场化、多元化生态补偿，推进资源总量管理、科学配置、全面节约、循环利用
2021 年 4 月	《关于建立健全生态产品价值实现机制的意见》	支持在符合条件的重点流域依据出入境断面水量和水质监测结果等开展横向生态保护补偿。探索异地开发补偿模式，在生态产品供给地和受益地之间相互建立合作园区，健全利益分配和风险分担机制
2021 年 9 月	《关于深化生态保护补偿制度改革的意见》	到 2025 年，与经济社会发展状况相适应的生态保护补偿制度基本完备……到 2035 年，适应新时代生态文明建设要求的生态保护补偿制度基本定型

　　流域生态补偿的关键词开始由污染、惩罚等转变为保护、奖励，中央政府的定位由主导转变为引导，生态资源的经济价值和社会价值越来越凸显。这一时期是流域生态补偿助力生态文明和乡村振兴、生态补偿的环境绩效与减贫效应相结合、生态补偿融入长江经济带区域发展战略、跨界流域建立生态补偿机制、社会和企业参与生态保护可持续融资、建立市场化和多元化生态补偿机制的时期。在新时期国家不断推动各项改革和发展战略的大背景下，流域生态补偿不再仅聚焦于生态目标，而是探索如何与国家其他发展战略和政策实现有效衔接、密切配合，从而实现协调发展。

二、流域生态补偿的规则联系与互动

　　流域生态补偿的规则经历了"从无到有""从有到优"的建立和完善过程，形成了由我国《宪法》《水法》《环境保护法》《水污染防治法》等国家法律组成的宪法选择层次，由规范性文件、部门规章等行政文件组成的集体选择层次，以及由地方具体方案、协议等组成的操作层次。上述 3 个层级规则构成了流域生态补偿的规则体系，如图 6 - 1 所示。总体来看，生态补偿的规则体系是层级制的结构，存在顶层设计与地方实践并重的特点。

　　一方面，顶层设计奠定了流域生态补偿的实践基础，体现在流域资源的产权、流域管理和流域系统服务的有偿使用等方面。首先，流域水资源的产权可以看成一组权利束，即所有权、使用权和收益权等（沈满洪，2004）。我国的

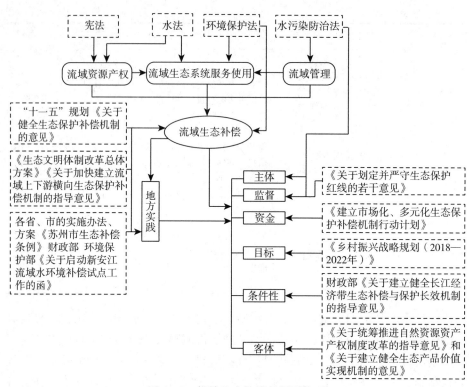

图 6-1　流域生态补偿的规则体系

《宪法》《水法》规定了所有权，使用权和收益权在我国的《环境保护法》《水污染防治法》修订中得到逐步明晰。其次，我国的《水污染防治法》规定了流域管理的主体——由行政区域政府转变为河长制，使得流域区域和行政区域相结合，从法律层面上取消了"九龙治水"的治理格局。最后流域产权问题和流域管理问题在法律层面日益完善，达成"流域生态系统服务的使用不是无偿的"的共识，让流域生态补偿的实施有法可依。

另一方面，流域生态补偿的实践促进了顶层设计的完善。当流域生态补偿的概念被提出之后，各地的实践层出不穷，流域生态补偿的要素在实践中发现问题，又在政策改革中提出可能的解决方案。第一，针对流域生态补偿主体，把河长制写入我国的《水污染防治法》，河长制是流域治理的一项制度创新（沈满洪，2018），打破了行政区域和流域区域分割的治理困境。第二，我国的《水污染防治法》要求相关部门展开流域环境资源承载能力监测、评价，旨在维护流域生态环境功能。第三，不再采取"先补偿后治理"的模式，长江经济带以绩效评价、结果导向为主要原则建立地方为主的流域生态补偿，按照"早建早给，早建多给"，鼓励早建流域横向生态补偿的机制。第四，生态补偿目标不再局限于改善流域环境、保护流域生态，还将乡村振兴、脱贫攻坚与流域生态补偿有机结合。第五，出台的《建立市场化、多元化生态保护补偿机制行动计划》是我国健全生态保护补偿机制的一个里程碑式文件（靳乐山，2019），弥补了我国流域生态补偿在市场化、多元化上的短板，使得生态产品的价值实现更具有可持续性。第六，自然资源资产产权制度是推进市场化、多元化生态保护补偿机制建设的基础性制度。《关于统筹推进自然资源资产产权制度改革的指导意见》不仅保证了流域生态补偿对象的精确瞄准，还有助于生态产品的产权初始分配制度、资源有偿使用制度和自然资源收益分配制度的深入推进。《关于建立健全生态产品价值实现机制的意见》从调查检测、价值评价、经营开发、保护补偿、价值实现保障、价值实现推进机制 6 个方面，首次为生态产品建立了系统的制度体系，探索生态产业化和产业生态化的政策制度体系——将绿水青山转化为金山银山。

第二节　规则构建：流域生态补偿的应用规则

第一节回顾了流域生态补偿在宪法选择层次、集体选择层次和操作层次的规则，主要明确了前两个层次的规则是如何架构的。这一部分的梳理是有必要的，因为任何流域生态补偿操作层次的规则都不可能违反和脱离更高层次的规则约束。不过这些"规则的规则"在现实世界中有成功也有失败的案例（Ostrom，2010）。所以，需要在流域生态补偿的特殊语境下，讨论哪些规则以及这些规则将采取何种形式可能会对流域生态补偿运行产生关键影响。下面将根据已经实施的流域生态补偿案例，对已有流域生态补偿制度研究的文献进行评价，以此构建一组针对流域生态补偿的特定规则体系。

一、方法与数据

（一）系统评价法（systematic review）

构建一个流域生态补偿的应用规则框架，必须从大量的案例中提取普遍且有效的规则。流域生态补偿规则研究存在的问题是，很多规则并不是写下来的，也无法向所有流域生态补偿的制订者或行动者询问。为了解决该问题，本书采用系统评价法，该方法旨在通过收集、选择所有符合预定标准的研究证据，并对其进行整理、评价来回答某一个具体的研究问题，在医学研究领域应用广泛（Higgins et al.，2008），现在也已经成熟应用于生态补偿的研究中，有助于在时间和空间尺度上进行对比（Fisher et al.，2009），是指导环境政策的有效方法（Bilotta et al.，2014；Woodcock et al.，2014）。

与传统文献综述最大的不同是，系统评价法强调文献资料的"全"和"质"，不仅有对已有文献的收集、总结，而且重在"评价"。本节研究的问题，就是评价流域生态补偿中哪些应用规则是有效的，能否对流域生态补偿产生有益影响。

（二）步骤和数据

由国际 Cochrane 协作网制作的"Cochrane Handbook for Systematic Reviews of Interventions"是一个权威和严谨的系统评价手册。下面按照手册第六章文献检索的步骤（Higgins et al.，2008）进行流域生态补偿规则的系统评价。

首先，选择数据库。国内对流域生态补偿案例的研究多为流域生态补偿标准或生态系统服务价值测算等定量研究，对制度化的研究比较少。因此选择国外的数据库，一方面是相关研究较多，能够提供广泛的数据资料；另一方面是借鉴国外经验以改进中国流域生态补偿制度。在 Science Direct 和 Google Scholar 的电子数据库中确定了与流域生态补偿规则有关的出版物，包括期刊、会议论文、学位论文和报告，时间范围是 2000 年 1 月至 2018 年 6 月。

其次，根据本章的研究问题设计检索策略，制定特定的布尔表达式作为搜索策略，见图 6-2。第一步，在标题、关键词和摘要中含有"生态系统服务付费（payments for ecosystem services）""环境服务付费（payments for environmental services）""水（water）""流域（watershed）""河（river）"等词语，用来确定文献的主要研究内容是流域生态补偿。第二步，在全文中出现"规则（rules）""机构（institution）""管理（management）""治理（governance）"等词语，用来确定研究流域生态补偿的文献里提到了制度、规则、管理、治理等方面的制度化内容。

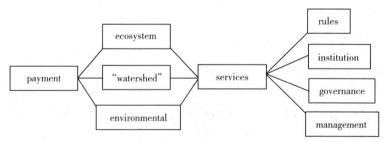

图 6-2　搜索流域生态补偿规则文献的布尔表达式

""表示一组词，除了流域（watershed），还包括水（water）、河（river）；payment 表示付费，ecosystem/ environmental 表示生态系统/环境的；services 表示服务；rules/ institution/ management/ governance 表示规则/机构/管理/治理。

最后，通过阅读摘要和引言的方式，排除不符合要求的文献。不符合要求的文献包括没有案例或研究区域、没有提供流域生态补偿案例的制度或规则、提供的规则对流域生态补偿没有普遍的适用性。排出不符合要求的文献之后，选择了66篇期刊论文，这些论文都是用某类"规则"（表述不一定是"规则"这一词语）解决已实施的流域生态补偿项目存在的问题。

二、一组特定的流域生态补偿应用规则

从66篇文献中提炼出一组特定的规则用以指导流域生态补偿行动，如表6-2所示。

表6-2 用于流域生态补偿的应用规则

一级规则	二级规则
职位规则	国家政府最好作为生态系统服务提供者和购买者之间的中介 科学团体需要提供生态系统服务相关的知识与技术 非政府组织是值得信赖的中介者 监督者必不可少，由谁担任视情况而定
边界规则	水资源用户（和其他利益相关者）接近流域能够促进项目实施的成功 进入标准应当覆盖目标人群的进入资格、进入意愿和进入能力 采用合同拍卖（或招标）的方式能激励参与者进入生态补偿，同时缩短合同期限以纳入潜在参与者 较高的退出壁垒可以抵消一些因政局不稳定而给生态补偿项目带来的负面影响
选择规则	不同职位的行动者需分别制订不同的选择规则 流域生态系统服务的提供多是通过限制土地用途达到的 重视选择规则的层次性和规则阐述的简单性
聚合规则	当地居民需要更多地参与决策 需要一定程度的集中决策，可以适当分配决策权利给当地的管理机构 通过多个利益相关方组成董事会或类似结构的决策机制
范围规则	挑选可靠的生物多样性和生态系统服务的代理指标 设立的流域管理机构尽量和流域的地理范围匹配 补偿预算是漫长而复杂的谈判过程的结果，不仅包含经济估值而且需要关注社会因素
信息规则	需要把有关生态系统服务的信息纳入生态补偿的决策和政策措施中 澄清生态补偿的目的，提高生态系统服务的可见度 参与者之间的沟通对于流域生态系统服务管理的可持续性非常重要
偿付规则	偿付规则以经济导向为主 避免一刀切的偿付规则 分级制裁规则

（一）职位规则

职位规则重要功能是创造职位。在流域生态补偿语境下，至少需要生态系统服务的提供者（卖方）、购买者（买方）、中介或促进者、监督者、知识或技术支持者等职位。

如何定义政府的职位对流域生态补偿制度的实施至关重要（Qu et al.，2011）。国家立法组织和地方政府在启动和维持生态补偿计划过程中发挥了关键作用（Richards et al.，2015）。即使是自愿和用户付费的流域生态补偿项目，政府仍在设计计划、监控服务和执行合同方面有着不可或缺的地位（Jiang et al.，2011）。如今越来越多的学者认为政府机构应该是生态系统服务的提供者与购买者之间的桥梁，为其搭建对话平台、促进合作与协调关系（Figueroa et al.，2016），即扮演一个中介的角色。

为了帮助政府更好地发挥中介作用，专家、咨询机构和技术机构通过提供背景分析、制度设计和技术支持，确定生态系统服务的范围、方法与工具，来帮助政府识别参与者身份和进行社会评估（Willaarts et al.，2012）。流域生态补偿项目的设计依赖于学术界从创建到评估各个阶段的指导（Balvanera et al.，2012；Muñoz-Piña et al.，2008）。

各类文献基本达成共识：一旦缺失监督者，该生态补偿项目一定收效甚微（Wunder et al.，2008）。由谁来做监督者是关键。如果选择当地居民作为监督者，可以节约成本（Begossi et al.，2011），但得到的信息质量不高、真实性存疑（Le Tellier et al.，2009；Wanjala et al.，2018）；如果由负责与居民签订合同的机构进行，可以定期进行审核以验证监测的准确性（Pagiola，2008）；如果选择第三方的技术人员和专家，可以提供精确的生态系统服务数据，但实践起来比较难（Lima et al.，2017）。此外，还有域外监管，即跨越了行政边界的监管行为（Blanchard et al.，2015）。

职位规则相对简单，因为它们主要用于给参与者分配位置，通常需要视具体情况而定，并没有最好的选择，只有合适的选择。流域生态补偿是多机构协作和组织的结果，成功实施 PES 的关键是确定谁或哪个机构应该作为协调中心（Blignaut et al.，2010）。职位规则需要促进政府机构、研究机构和非政府组织之间的合作（Balvanera et al.，2012），从而为生态补偿确定一个坚实的保障结构（Mattos et al.，2018）。

（二）边界规则

边界规则需要确定参与者进入和退出的标准。对于流域生态补偿来说，地理条件可视为一种天然的边界规则，另一种边界规则是生态补偿的合同，在大部分生态补偿项目中，参与者需要通过签订合同的方式来参与生态补偿。因此，合同的申请方式、期限、取消标准等是边界规则的具体体现。

研究表明，地理位置是选择流域生态补偿参与者的重要标准，当地居民在流域中的相对位置决定了他们能够提供和得到的生态系统服务（Morri et al.，2014）。选择的水资源用户越接近流域越能促进生态补偿项目的成功（Fisher et al.，2010）。比如在厄瓜多尔 Pimampiro 市生态补偿中，参与者就集中在水源地附近（Wunder et al.，2008）。除了地理位置，进入的标准还应当包括参与者对生态补偿的认知、判断和意愿，如果忽略了这些标准会使流域生态补偿项目无法达到生态系统服务目标（Cowling et al.，2008；Willaarts et al.，2012）。

当然，能否进入生态补偿项目是由生态补偿项目本身的特点和参与者家庭的特点两者共同决定的，包括进入的资格、进入的意愿和进入的能力（Pagiola et al.，2005），可以通过调节边界规则的细节来最大限度提高目标群体的参与。然而，并非所有符合条件的位于生态补偿区域的家庭都能参与补偿计划。在越南的案例中，由国有森林所有者或当地社区领导人选择符合条件的家庭，在非参与者看来这是不公平的，并且带来的后果是即使他们发现有人破坏森林或者火灾，也不想向当局报告（McElwee et al.，2014）。因此，需要对可能受到影响的参与者给予更多的关注，改变过去只侧重于直接用户的做法，扩大关注范围。

采用合同拍卖（或招标）能够激励最合适的参与者进入流域生态补偿，因为该形式可以更好地估计生态系统服务的真实成本。通常情况下，服务的提供者比使用者更了解生成服务的成本，应激励投标人减少寻租并提交更接近其真实服务成本的投标（Wünscher et al.，2017）。合同期限的长短能够显著影响参与者加入流域生态补偿计划的可能性，当合同期限更长时，符合要求的参与者可能会投入更少的土地面积参加流域保护工作。根据这一发现，项目制订者可能会考虑缩短合同期限，吸引新参与者参加流域生态补偿（Yeboah et al.，2015）。

文献中涉及退出规则的内容较少，目前只发现 1 篇文献在谈论厄瓜多尔的流域生态补偿项目时提到，只有在市长召集所有利益相关者并公开解释他们的决定时，退出者才能退出（Kauffman，2014）。这种退出规则对政治家来说是难以做到的，因为它表明他们将个人的政治利益置于共同利益之上。这也说明了可以通过设置较高的退出壁垒改变当地政治带来的潜在负面影响，从而提高生态补偿项目的长期性。

（三）选择规则

合同除了是边界规则的体现，也是选择规则的重要体现。在合同中一般都规定了参与者必须做、不能做和可以做的行为。

首先，针对不同职位的参与者选择规则不同。就买卖双方而言，选择规则十分重要，因为大部分生态补偿的付款都是基于参与者的行为而不是生态系统服务的产出（Martin-Ortega et al.，2013）。选择规则涉及一系列行动，有一些是个人行动，另一些是集体行动。有研究表明，上游农户对集体行动有较高的偏好，不仅关心他们的农业实践（个人行动），而且更愿意通过保护流域退化的森林（集体行动）来改善流域生态系统服务（Mulatu et al.，2014）。选择规则一般都会规定在水源地或者生态补偿实施范围内的土地用途，比如法国东部的雀巢公司流域保护计划支付了目标流域的所有农户，让其采用对水质污染很低的奶牛养殖方法，放弃农用化学品等（Wunder et al.，2008）。就监督者而言，选择规则涵盖了计划和管理职责，最常见的是项目批准规则，它规定了监管机构何时能够或不能批准项目的程序（Joslin et al.，2018）。最后是中介者的选择规则，选择规则要求中介机构采取特定行动，以促进买卖双方之间的交易或互动（Bennett et al.，2014；Huber-Stearns et al.，2015）。

针对特定流域去组合选择规则是一项复杂的挑战。重视选择规则的层次性有利于流域生态补偿的实施，Westcountry Rivers Trust（WRT）就是一个成功案例（Smith et al.，2012）。WRT 是英国西南部的一个环境慈善机构，该机构治理水污染的行动表现出层次结构。首先，最基础的行动是 WRT 鼓励土地管理者自愿采用最佳管理方法，在提供水资源保护的同时节约农业投入成本，包括养分管理和改良农业基础设施。接下来，利用来自欧盟、英国政府或慈善机构的资助，改善资本状况，建造水道围栏和进一步改进基础设施。最后，WRT 可以协助农民申请补偿，这些补偿是对因采用低集约度农业和其他保护措施所放弃的那一部分收入的补偿。此类补偿款来自英国环境管理计划（Environmental Stewardship Schemes），以及流域敏感农业计划（Catchment Sensitive Farming Programme）。

虽然组合选择规则可能是复杂的，但是规则的阐述保持简单更有利于生态补偿的实施。在德国的 Mangfalltal 流域生态补偿项目中，规则也很简单。自来水公司和农民之间签订了一份合同（共 4 页，其中 2 页由表格组成）。合同包括要实施的做法、农场的面积、自来水公司支付的金额以及其他条件，例如在业主变更或农场区域修改的情况下如何进行。关于资源使用规则，如果需要额外的知识或培训来改变土地利用，该计划都为农民提供技术援助（Muñoz Escobar et al.，2013）。

（四）聚合规则

与流域生态补偿相关的聚合规则确定了决议的通过采用何种原则、集体决策的达成采用何种方式。聚合规则应该既能顾及地方流域生态补偿的优先需求也能解决更高层次的冲突。

在大多数流域生态补偿案例中，政府通常拥有决定性的权利，但是也越来越重视当地社会的声音，以确保本地居民积极参与自然资源的规划和管理（Kashaigili et al.，2003）。一方面，自然资源的集体管理需要社会参与和组织，采用集体谈判的方式讨论和决定生态补偿实施的具体内容能够提高当地居民的参与度（Figueroa et al.，2016）。另一方面，选择当地代表参与付款和分配的讨论，被视为对当地居民的一种正式承认，是公平的体现（Kolinjivadi et al.，2015）。最理想的情况是受到影响的各方都有机会参与决策过程并影响结果（Suhardiman et al.，2014）。

目前，政府更愿意为当地生态系统服务的使用者和提供者提供空间，促使他们针对生态补偿项目的建立进行谈判（de Groot et al.，2009）。同时，一定程度的集中决策仍有必要，能够为地方提供战略观点和综合方法。面对跨境或大规模的流域生态补偿问题，聚合规则应按照生态系统的特点（比如规模和位置）给当地的管理机构分配决策权利，采用协作决策的方式。例如巴西是由国家水务局监督水资源政策并管理用水许可证的，但大多数管理决策都是与州政府机构一起进行的。1997年，建立了流域委员会和地方水资源管理机构来共同管理水资源。每个流域委员会由政府代表（州或联邦，取决于流域的管辖范围）、民间社会代表和利益相关者（比如土地所有者和用水户）组成。这些委员会共同决定如何分配水、实施新的发展项目、仲裁利益相关者之间的冲突和实施污染控制等。虽然国家级行动者仍然对水管理有着重大影响，但这些委员会为地方一级的项目管理者和行动实施者提供了发言权（Richards et al.，2015）。还有一种形式是创造多利益相关方参与的董事会或类似结构。通过这种结构，流域生态补偿项目有可能更全面地表达对特定地点形成的社会、经济和生物属性的理解，并且能够代表多个利益相关者的需求和优先事项（Reed et al.，2017）。

（五）范围规则

范围规则说明了流域生态补偿项目治理结果会出现哪些可能性。流域生态补偿的范围规则多体现在生态尺度上，也包括生态补偿项目的预算情况、对社会文化价值的影响。

随着流域生态补偿项目数量的持续增长，了解预测效果的重要性变得越来越高（Börner et al.，2017）。学者们希望那些实施生态补偿项目的人仔细考虑当地的动机，并从项目中提升潜在的环境"自助服务"效益（Bottazzi et al.，2018）。范围规则需要考虑使用哪些生物多样性和生态系统服务的代理指标，流域生态补偿的结果高度依赖于这些指标的可靠性，特别是生物—物理指标（Brouwer et al.，2011；Kim et al.，2017）。并且，生态系统和行政管辖区之间的模糊边界为治理带来了重大挑战（Reed et al.，2017）。设立的流域管理机构应尽量和流域的地理范围匹配，以便得到有效的生态系统服务结果（Lurie et al.，2013）。应当注意的是，范围规则的"地理"和边界规则的"地理"是不同的，边界规则的"地理"是指行动者进入生态补偿项目的资格；范围规则的"地理"是指整个项目的管理范围，属于管理范围内的资源和问题更可能得到认真对待和解决（Blomquist et al.，2005）。

项目预算属于生态补偿的经济价值范围规则，投入预算后得到的收益有多大是每个生态补偿项目都要考虑的。当上下游利益相关者之间的交易可行时，社会关系、观念、议价能力、产权和制度方面都是生态补偿项目设计中有用的投入，而不仅仅是经济估值（Kosoy et al.，2007）。流域生态补偿项目也经常涉及社会价值的范围规则，比如生态补偿能否提高参与者的环保意识、土地利用者对不同管理方式和目标结果的偏好，以及减贫和公平等方面（Hansen et al.，2018）。

由于社会生态系统内复杂的制度、经济和生物互动，计划的预期结果并不总会实现得很明确（Garmendia et al.，2012）。流域生态补偿的设计和运作在很大程度上是社会过程的结果，涉及不同利益相关者之间的互动，不仅仅是技术评估的结果（Kosoy et al.，2007）。

（六）信息规则

信息规则规定了哪些信息是参与者必须了解的、可用的，以及得到这些信息的渠道和方式。就流域生态补偿而言，信息规则至少包括免费的事先知情、公开的资金用途、监测的流域生态系统服务变化、自由地获取信息等。

已有研究都认为，信息的完整度和透明度越高越有利于流域生态补偿的实施，生态补偿利益相关者需要投入时间和精力来理解和交流关于生态系统服务的知识，并在设计生态补偿项目的过程中公开相关信息。对信息的透明处理在建立参与者之间信任关系以及维护生态补偿项目可信度中至关重要（Lima et al.，2017）。但这必然会带来交易成本的提高（Ribaudo et al.，2014），因此对两者的取舍需要视具体情况而定。

首先，关于生态系统运作的信息是流域机构实施管理所必需的（Fisher et al.，2018）。需要把生态系统服务的相关信息，例如流域的水质基线、流量、资源密度和变化等，纳入生态补偿的决策过程和政策实施中（Lu et al.，2014；Taffarello et al.，2017）。例如，对流域生态系统服务进行认证（Jaung et al.，2018）、增加现场监测频率（Ribaudo et al.，2014）等都可以有效减少信息不对称。其次，信息规则需要澄清参与者能得到什么，提高生态系统服务的可见度（直接或间接）可以加强公民对生态补偿项目的支持，达到降低签订合同和维持合同成本的目的（Grolleau et al.，2012）。总之，流域生态补偿制度的有效设计不仅需要了解生态功能与生成的生态系统服务之间的关系，而且需要掌握当地居民能够发挥什么样的作用及其对生态补偿产生的利益权衡会产生什么样的认识等信息（Bhandari et al.，2016）。

（七）偿付规则

流域生态补偿的偿付规则确定了基于行为选择而产生的结果所带来的成本与收益，一般性原则是"谁支付谁使用，谁污染谁治理"。具体内容有，补偿金额、补偿方式、补偿原则、补偿计划、补偿时间、交易成本、中介费用、罚款和其他制裁等。

偿付规则在大多数生态补偿项目中都很常见。流域生态系统服务的利益权衡往往发生在私人利益与同一服务或竞争服务的公共利益之间，比如上游居民的生活污水或上游企业的工业污水排放提高了下游政府的水质治理成本。通常利用偿付规则来解决此类权衡问题，最重要的是确定生态系统服务的价格，并且创造激励，以支付经济利益为主要手段改变参与者行为。虽然用货币评估生态系统服务存在争议，例如会有一些声音"水不是商品""我们应该用金钱衡量自然资源的价值吗"（Kallis et al.，2013），更有一些地区的人民将水视为文化遗产（Rodríguez-de-Francisco et al.，2015），但是经济导向的偿付规则有助于决策者和流域当地居民更加关注生态系统服务的价值，能够在项目的制订和评估中起到关键作用（Morri et al.，2014）。

流域生态补偿偿付规则另一个重要权衡是公平与效率。关于流域生态补偿公平支付的讨论越来越多（Roumasset et al.，2013），一刀切的偿付规则普遍受到质疑。不仅要求对提供者进行差异化支付，水用户的差异化需求也愈发受到重视（Moreno-Sanchez et al.，2012）。因此，偿付规则在理论和实践中的创新发展越来越多，比如绿色水信用（Willaarts et al.，2012）、双层支付（Weikard et al.，2017），以及基于实际的水质表现支付而不是一些替代指标（Maille et al.，2012）。

流域生态补偿的制裁与罚款通常较少，比较常见的是停止补偿或者上游赔偿。在大多数案例中，对违规行为的制裁主要是暂时或永久性地失去未来的补偿（Wunder et al.，2008）。生态系统服务的估价有助于法院对污染和事故设定适当的高罚款，将激励居民遵守环境和安全法规（Kahn et al.，2017）。此外，偿付规则中经常包含分级制裁的规则。在厄瓜多尔的水文生态补偿中，如果基金委员会发现参与者存在违规行为则会对他们实施制裁，制裁的形式从停止补贴1~3个月，到永久剔除该参与者（Wunder et al.，2008）。再比如，德国的集水区生态补偿项目会根据违规行为支付罚款，并在后期加以控制，该制裁程序使农民有机会修正自己的违规行为以免失去有机生产的认证。在哥伦比亚 Asobolo 计划中，若检测到农民存在违规行为，会首先开展对话，说明违规原因，在3次违规警告之后，则把他们排除在计划之外，使其受到制裁（Muñoz Escobar et al.，2013）。

（八）应用规则的配合

根据以上分析发现，没有规则可以单独起作用，仅依靠某一类规则不会产生运行良好的流域生态补偿制度。职位规则、边界规则、选择规则、信息规则和偿付规则是流域生态补偿的必要条件，但它们的二级规则不一定都存在。一个流域生态补偿中可以没有非政府组织，也可以没有关于退出该项目的规定。有无二级规则主要依靠对交易费用的权衡，因为有些规则虽然能提高流域生态补偿项目的实施效果，但是却需要耗费大量的金钱和人力，这一点在信息规则中格外明显。另一发现是规则之间可以相互配合达到某一效果。虽然聚合规则和范围规则并非流域生态补偿的必要条件，但是如果一个流域生态补偿有其特定的目标，那么这2类规则可以配合其他规则产生不一样的结果。范围规则中社会目标的内容常常和边界规则（进入标准）配合，一起解决贫困的问题；范围规则的流域管理机构与职位规则配合，能够创造更好的流域生态补偿监督者；聚合规则中对当地居民的认同和赋权和边界规则（进入标准）配合，能够改变居民的生计和收入水平，有时能够影响偿付规则的制订。

总的来说，缺少任何一类规则的流域生态补偿制度安排都可能造成不良的效果，而且如果仅依靠某一类规则往往还会造成坏的影响。最理想的是构建与发展一套"职位规则清晰、边界规则合适、选择规则有层次、聚合规则合理放权、范围规则匹配、信息规则透明、偿付规则创新"的流域生态补偿规则体系。

第三节　案例研究：新安江流域上下游横向生态补偿应用规则

在构建流域生态补偿应用规则体系的基础上，本节将检查一个给定行动情境下的流域生态补偿应用规则，即 2012—2018 年中国新安江流域上下游横向生态补偿机制（以下简称"新安江生态补偿"）。对该案例的研究有助于识别流域生态补偿中已存在的具体的应用规则，发现能够促进流域生态系统服务可持续产出的应用规则，审查可能缺乏的应用规则。

一、案例介绍与数据来源

（一）案例简介

新安江发源于黄山市休宁县，是安徽省内第三大水系，也是浙江省最大的入境河流。新安江流域总面积 11 452.5 平方千米，干流总长 359 千米，其中安徽境内流域面积 6 736.8 平方千米、占 58.8%，干流长 242.3 千米、占67.5%，覆盖黄山市 7 个区（县）和宣城市绩溪县（其中，黄山市流域面积5 856.1平方千米、宣城市绩溪县流域面积 880.7 平方千米）。新安江流域多年平均天然径流量（地表水资源量）126.7 亿立方米，其中年均入千岛湖水量115.2 亿立方米，是下游地区重要的战略水源地和生态安全屏障（国家发展改革委，2013）。

但是从 20 世纪初开始，新安江水质不断下降，2001—2007 年，街口江段水质是较差的Ⅳ类水，2008 年变成更差的Ⅴ类水，以总氮这项关键污染指标来看，个别月份甚至是最差的劣Ⅴ类水。总氮也是判断湖泊水质的重要参考指标，2006—2010 年千岛湖湖体总氮指标为Ⅲ～Ⅳ类，浓度变化范围为 0.82～1.01 毫克/升。千岛湖全湖综合营养状态指数范围为 29～34，2010 年为 31，总体为中营养状态（国家发展改革委，2013）。新安江水质的恶化直接影响下游千岛湖的水质，导致安徽、浙江两省发生龃龉，严重影响了新安江周边地区社会和经济的可持续发展。

2008 年，财政部、环境保护部着手在新安江流域推动跨省生态补偿，安徽省正式加入长江三角洲地区主要领导座谈会①，新安江流域水环境补偿试点的准备工作开启了。根据政府相关文件，新安江生态补偿大致经历了 7 个阶段：概念化阶段（2008—2010 年），实施前的谈判阶段（2010—2012 年），第一轮试点实施阶段（2012—2014 年），谈判阶段（2015 年），第二轮试点实施阶段（2015—2017 年），两省达成共识阶段（2017 年），第三轮试点实施阶段（2018—2020 年）。该计划的概念始于新安江水质日渐恶化，但当时的举措并不能很好地改善水质，浙皖两省需要转换方向进行新的尝试，之后两省持续谈

---

① 2008 年之前，长江三角洲地区主要领导座谈会的成员是两省一市（江苏省、浙江省和上海市），2008 年安徽省加入，成员变为三省一市（安徽省、江苏省、浙江省和上海市）。

判僵持不下，在中央政府的全力促进下两省搁置争议，开始第一轮试点。第一轮试点结束之后，两省在水质考核指标上产生分歧，再次进行谈判，安徽省要求提高补助标准，浙江省要求提高水质标准，中央政府介入之后两省达成了第二轮试点的共识。第二轮结束后，新安江水资源储备和生态环境质量达到全国领先水平，两省自发达成共识签订第三轮试点的协议，新安江生态补偿从试点逐步走向常态化，如图6-3所示。整个新安江生态补偿从实施到结束到再次实施，行动者的行为和流域生态系统服务的改变都受到一系列规则的激励或制约，因此本书选择此案例深入分析具体流域生态补偿情境中应用规则对行动者的影响。

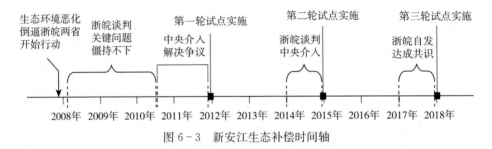

图6-3　新安江生态补偿时间轴

（二）数据来源

为讨论新安江生态补偿中应用规则的使用情况和结果，在以下来源收集数据。

第一有关新安江生态补偿的规章制度和政策文件，数据来源是黄山市财政局、水利局等政府机构官方网站。

第二有关新安江生态补偿的新闻报道和项目进展，数据来源是报纸、网站及黄山市新安江流域生态建设保护局[①]。

第三有关新安江生态补偿的具体工作、制度内容和利益相关者的态度，数据来源是政府工作人员的访谈。在2017年6月、2018年8月、2019年3月、2019年7月，与黄山市新安江流域生态建设保护局工作人员分别进行了4次访谈，访谈的形式包括面谈、电话和网络访问（微信），访谈的内容包括新安江生态补偿建设的两省协商情况、新安江流域生态建设保护局的产生及发展情况，以及两轮生态补偿实施效果、监管情况和面临的主要困难等。

---

① 后期机构改革，"新安江流域生态建设保护局"更名为"新安江流域生态建设保护中心"，本书沿用之前的称呼。

二、案例中的应用规则分析

（一）职位规则构建利益相关者的制度结构，赋予每个职位相应的职责

职位规则主要解决"谁补谁"的问题。新安江生态补偿中有提供者（安徽省政府、黄山市政府）、购买者（浙江省政府、杭州市政府）、中介者（中央政府）、监督者（两省联合监测人员）及科学团队和非政府组织，各个职位明确，并且彼此之间有沟通平台。

安徽省作为生态系统服务的提供者，接受作为购买者的浙江省的补偿资金。在两个职位之间，中央政府充当中介者，主要职责是为两者协调矛盾、促进其合作等。在省级层面上，长江三角洲地区主要领导座谈会为省级政府对水资源生态保护的讨论搭建了平台；在市级层面上，黄山市和杭州市建立流域环境保护协调联席会议制度；在县级层面上，黄山市全面推行河长制，率先建成市、县（区）、乡（镇）、村4级河长体系，建立分级河长会议制度。这些职位规则有利于创造出合作共赢的常态化机制，提高生态补偿效率。

在新安江生态补偿中，购买者和提供者都参与监督，同为监督者。水质指标是由皖浙两省联合监测，监测结果需要得到双方认可，如有不同意见，两地的监测人员会进行技术交流，分析结果产生差异的原因。很多研究认为购买者自己参与日常监管是影响生态补偿实施效果的重要因素（Ostrom，2010）。这条职位规则的出现也印证了研究结论。

除了提供者、购买者、中介者和监督者这些职位，新安江生态补偿中还有科学团队及其他非政府组织，为补偿项目提供技术人才和科技支撑。从新安江生态补偿实施方案的编制环节开始，一直有环境保护、环境监测、环境规划等相关领域的专家参加讨论和评审，也有第三方专业化运营管理污水处理站等设施。科研专家和技术机构等非政府组织的加入一定程度上促进了新安江生态补偿的科学实施和科学管理，为促进生态系统服务的供给发挥积极作用。

另外，在新安江生态补偿中，中央政府不仅是中介者，而且兼任部分购买者的职责，为提供者支付补偿资金。首先，中央政府充当了促进生态补偿机制建立的推动者，其重要职责是为提供者和购买者搭建对话平台、促进两者合作、协调关系。在计划开始之初，两省在水质标准上存在较为严重的分歧，进行了为期两到三年的协商，最终在中央政府的指导和协调下，形成了一系列双方基本认可和满意的规则。中央政府作为中介者能够有效减少生态补偿制度的建立时间。第二轮新安江生态补偿协商时间的缩短证明流域生态补偿制度建立

的过程往往是路径依赖的，而且由于整个协议都是在中央政府的指导和仲裁下执行的，两省都进入一种以改善生态环境为竞赛标准的"晋升锦标赛"模式（周黎安，2007）。黄山市新安江流域生态建设保护局的工作人员明确表示如果没有中央政府的极力促成，浙皖两省想要达成新安江生态补偿的协议会有很大的困难。希望并且需要中央政府，特别是相关的部委，能够一直扮演中介者的角色。其次，在前两轮补偿里中央政府不仅是中介者，而且扮演了购买者的角色。这条职位规则十分重要，一方面只有当安徽省和浙江省达成协议，中央政府才会提供补偿给安徽省，这提高了安徽省想要达成协议的迫切性；另一方面中央政府的补偿资金是一种约束信号，缓解了浙江省的担心——安徽省拿了补偿资金却没有好好治理新安江。中央政府的职位既是中介者也是购买者，能够提供激励和约束共存的合同机制。

总的来说，新安江生态补偿的职位规则在中央政府、省级政府、市级政府和非政府组织之间构建了一个坚实的制度结构，赋予了行动主体需要承担的职责，如图 6-4 所示。

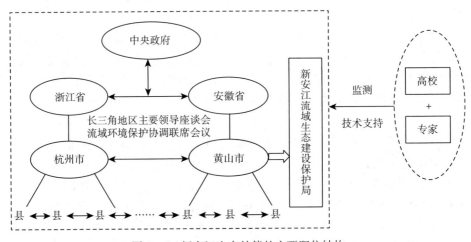

图 6-4　新安江生态补偿的主要职位结构

（二）边界规则决定进入标准和退出标准，提高生态补偿的可持续性

流域地理位置是选择参与者的天然边界。在直接影响流域生态系统服务供给的行动上，边界规则根据新安江流域地理位置选择参与者，流域附近的所有村庄几乎都被纳入生态补偿的边界之内。这种"一刀切"的进入标准虽然能够最直接、简单地纳入流域附近的参与者，但是没有考量参与者的进入意愿和进入能力。并且现有的边界规则鼓励目标群体发展生态旅游、生态产品，但是这

些产业短期内很难促进或推动当地经济的发展。相比之下，人们不再（或者说，不能再）将经济利益纳入生态和环境产业。参与者的进入标准十分被动，即只要人群产生危害新安江水质的行为就会被纳入目标群体里。以新安江生态补偿中一个重点项目——网箱退养为例，几乎所有渔民都被要求拆除网箱，网箱较多的渔民当时年收入可达 10 万元，拆除之后生计受到严重的影响。虽然政府除了一次性补偿外，也在医疗和就业上给予退养的人政策扶持，帮助部分渔民重建生计——主要是山泉养鱼、农家乐或当地旅游项目，以及种茶等特色产业，但是，总的来说，当地渔民的收入水平是下降的，生态效益短期内难以变为经济收益。

在维护生态系统服务的相关行动上，边界规则偏向选择更为贫困的群体。选择村庄垃圾队、打捞队的成员时，当地村集体会挑选那些生活更为贫困的人群，一方面，这些成员由于能够得到一定的工资和补助，进入意愿高；另一方面，期望与范围规则配合，达到缓减贫困这一潜在目标。

边界规则通过政治手段建立了退出成本壁垒，在新安江生态补偿中，对提供者退出的约束更强。虽然在边界规则中没有明确提出对退出生态补偿的惩罚，但是由于中央政府不断给予新安江生态补偿试点高度的政治肯定，黄山市政府出于政绩要求很难退出对新安江的治理与保护。而且在实施补偿的过程中，市政府已投入大量资金，将经济成本转化为生态收益同样需要时间。因此无论是从政治角度还是经济方面，黄山市都必须明确自己的城市定位，继续进行环境保护。退出高壁垒的边界规则促使提供者能够长期可持续性维护生态系统服务。

（三）选择规则规定土地利用方式，增加生态系统服务的产出

新安江生态补偿的选择规则基于必须提高水质的要求，通过项目的形式限制特定土地的使用方式，并鼓励或禁止参与者的相关行动。为避免活动的负面影响，新安江流域针对需要提供的生态系统服务制订了选择规则体系。从农村面源污染防治、工业点源污染防治到含磷洗涤用品监管、城乡垃圾污水治理，最后是重点河道综合治理和生态修复工作，这些工作基本囊括了切断流域污染源、控制流域污染源、让流域恢复自净能力等内容，每项内容再细分为更具体的项目，体现出选择规则的层次性。

生态功能和社会属性决定了区域生态系统服务的选择规则，新安江生态补偿根据区域特点采取行动。作为水源地的休宁县，开展了禁养区范围内养殖场（户）集中关停、搬迁，严格控制水源地林木采伐活动，有 4 个镇完全放弃了商品林年度采伐计划。2017 年，休宁县商品林采伐量减少 90％，并且建设月潭水库项目，充分保障用水安全，保护和改善生态环境。对于地处新安江中

游、距离街口断面最近的歙县，农业面源污染整治、农村环境改善和河面水草垃圾打捞等项目是重点。基于歙县工业基础较好，还在此地建立了黄山循环经济产业园。

整个新安江生态补偿的选择规则充分考虑各类流域生态系统服务的联动效应。在"提高水质"的主导目标之下，这些选择规则不仅从"表面"上达到改善水质的要求，而且能够通过改善生态系统本身从而改变社会和不可抗力的影响——当遇到人为污染和自然灾害的时候，能够通过生态系统本身的自净能力在一定程度上保障稳定的生态系统服务。

（四）聚合规则激励决策混合，提高当地居民参与保护的积极性

在中国，一般战略性和综合性的决策由国家和省政府负责。在这种情况下，新安江生态补偿采取的决策是自上而下和自下而上的混合。安徽省政府和浙江省政府在项目的最终批准和建立方面有着主导的决策权。同时，具体工作安排由流域上下游地方政府自主协商确定，在这一过程中，当地居民没有参与决策的通道，只能被动接受安排。

虽然安徽省政府没有赋予居民直接参与生态补偿决策的权利，但是在提高公众保护意识、主动参与保护这一方面，安徽省又还权于黄山市，而黄山市则将具体行动的决策权下放给相关部门，相关部门（如村集体）通过创造一些村民共同参与的活动，提高他们的参与度。市政府鼓励村庄结合自身情况制订了与流域保护相关的《村规民约》，培养村民保护新安江的自觉性和主动性。其中不乏闪光措施，如通过"以物易物"创设的"垃圾兑换超市"，平均每个超市收集垃圾效率相当于3名农村保洁员工作成效，超市的出现被认为是村民由被动参与到主动保护的一个进步。

（五）范围规则确立代理指标，建立与流域匹配的管理机构

范围规则影响潜在结果，对于新安江生态补偿项目来说，主要目的是提高新安江水质、保护下游千岛湖水环境，因此生态系统服务的代理指标选择水质指标。从数据上看，在项目实施期间新安江流域污染物浓度水平呈下降趋势，如图6-5所示。与新安江水质变化保持一致的是千岛湖营养状态，根据中国环境年报（2008—2016年）和全国地表水水质月报（2016年1—12月），千岛湖营养状态指数从2008年的34.1中营养状态降低到2016年的28.5贫营养状态，水质也由Ⅳ类水提升至Ⅰ类水。从生态补偿项目中提升潜在的水环境"自助服务"效益是范围规则需要创造的重点，因为这关系到停止补偿后生态系统服务能否继续供给。仅靠污染物浓度指标的监测并不能完全反映新安江水质环境的改善，因为该类指标过于简单，没有考虑生物—物理指标的结合水的自净

能力、水生物的多样性等指标应当加入监测。

同时，在新安江生态补偿中，新建了相关的流域管理机构以匹配流域的地理范围。由于中国的水资源产权归国家所有，流域管理与行政管理很难分开。黄山市为新安江生态补偿专门设立新安江流域生态建设保护局（简称"新保局"）。作为黄山市财政局的二级机构，能够依靠财政局的平台进行管理与争取资金。同时，各区（县）配套设立新保办，这样的管理体系既能兼顾新安江流域在黄山市境内的行政区域管理，也能不困于行政区域的桎梏而兼顾整体边界，尽量实现流域区域和行政区域一体化管理。但是对于浙江段的流域，"新保局"只能通过联合会议机制和杭州市相关管理部门沟通，无法直接管理，"新保局"的成立在很大程度上解决的是黄山市内的管理。

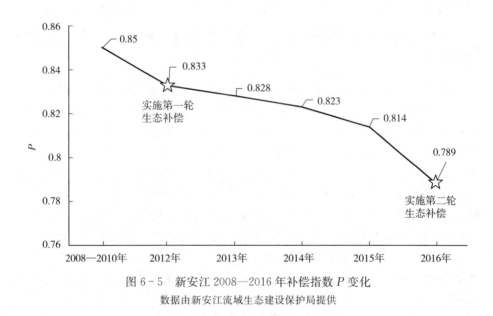

图 6-5 新安江 2008—2016 年补偿指数 P 变化
数据由新安江流域生态建设保护局提供

（六）信息规则确定可用信息的完整性，采取合适的方式增加信息透明度

全面、清晰的信息规则有利于评估生态补偿的绩效，以及创造良好的制度环境。在新安江生态补偿中，由科学团体和监测站共同搭建的新安江流域数据库，基本包括了流域生态系统服务的所需信息，能够说明新安江关键生态系统服务（水质、水量等）的生态条件和变化过程。数据库提供的生态系统服务信息的完整度和可信度高利于客观评估新安江生态补偿的实施效果。

由于新安江生态补偿是以项目为主，项目信息的公开程度和方式也是信息规则的重点部分。黄山市政府在市政府门户网站上对综合治理项目和试点项目予以公示，这提高了新安江流域综合治理项目的透明度，并且项目工程竣工后，除了常规的工程验收报告，还需要审计报告和环评报告，由纪委全程跟踪，增加信息的可信度。但是这种公示方法形式大于内容，有心者确实可以了解相关内容，但很少有群众会去政府官网上看项目的具体情况。"新保局"相关人员认为这样的方式是合理的，因为对信息的透明处理必然产生交易成本，他们在权衡之后给当地参与者公布部分信息，常态化开展公益宣传、志愿服务、科普培训、社会实践等活动，建立适合当地村民的沟通方式，帮助村民意识到自己的生活会受到生态补偿直接和间接影响。此类信息公示活动也推动了新安江流域民众对环境问题的关注，提高当地居民保护流域的意识。

（七）偿付规则决定补偿模式，创新补偿渠道，以分级制裁行政手段巩固成果

新安江生态补偿的偿付规则以经济导向为主，采取"纵横双向"的补偿方式，并且从"一刀切"的支付规则向多样化的支付规则过渡。首先，偿付规则强调基于水质这一生态系统服务的补偿，试点一度也被冠以"亿元对赌水质"的名称。按照《新安江流域水环境补偿试点实施方案》，除了中央财政支持，浙江省和安徽省也确立了一套偿付规则，如表6-3所示。其次，前两轮新安江生态补偿的偿付规则并没有通过估算生态系统服务创造的价值来确定补偿标准，而是采取了"一刀切"的经济补偿，即不考虑提供者付出的成本、水质提高的程度，只要水质达到考核标准，购买者就予以补助。但从第三轮开始，浙江省从制度层面给予安徽省更多的非资金补偿，黄山加入杭州都市圈，杭州市本着产业互补、生态共建、发展共享的原则帮助黄山市加快实现绿色经济发展。

表6-3 新安江生态补偿的偿付规则

补偿时间	第一轮补偿 （2012—2014 年）	第二轮补偿 （2015—2017 年）	第三轮补偿 （2018—2020 年）
补偿资金	补偿资金总额为 15 亿元，其中中央出资 3 亿元/年，浙江、安徽各出资 1 亿元/年	补偿资金 21 亿元，其中中央资金 3 年 9 亿元，按 4 亿元、3 亿元、2 亿元方式递减补助；浙江、安徽各 2 亿元/年	补偿资金总额为 12 亿元，其中浙江、安徽各 2 亿元/年。中央政府不再出资
补偿方式	资金补偿	资金补偿	资金补偿和制度补偿

（续）

补偿时间	第一轮补偿 （2012—2014 年）	第二轮补偿 （2015—2017 年）	第三轮补偿 （2018—2020 年）
补偿计划	年度水质达到考核标准（$P\leqslant1$），浙江拨付给安徽1亿元；水质达不到考核标准（$P>1$），安徽拨付给浙江1亿元；不论上述何种情况，中央财政3亿元全部拨付给安徽省	补偿资金实行分档补助，体现好水好价。具体为：若 $P>1$，安徽省补偿浙江省1亿元；若 $P\leqslant1$，浙江省补偿资金1亿元；若 $P\leqslant0.95$，浙江省再补偿1亿元；不论上述何种情况，中央财政补偿资金全部拨付给安徽省	水质考核标准进一步提高。具体为：若 $P>1$ 或新安江流域安徽省界内出现重大污染事故，安徽省补偿浙江省1亿元；若 $0.95<P\leqslant1$，浙江省补偿资金1亿元；若 $P\leqslant0.95$，浙江省再补偿1亿元[1]

新安江生态补偿在资金的使用上体现了差异化，较为全面地覆盖了提高流域生态系统服务的相关行为。在能产生补偿效应的投入方面，不仅考虑具有直接因果关系的生产类生态系统服务（如网箱养殖、河道采砂）和调节类生态系统服务（如污水处理、垃圾处置），还包括了环境保护能力的建设（如水环境监管和监测系统）。而且，第三轮新安江生态补偿协议首次明确鼓励和支持补偿专项资金用于市场化手段，引导社会资本投入。

提供者不再局限于接收购买者的补偿资金，而是对补偿渠道进行了创新。由于补偿资金远少于投入，黄山市在偿付规则上进行了一些值得借鉴的创新。一方面，积极扩大资金来源，通过争取亚洲开发银行贷款、申报国家山水林田湖生态修复工程试点等，引导更多的金融资本进入新安江生态补偿，争取一切能争取的资金。另一方面，设立新安江绿色发展基金和成立新安江绿色发展有限公司，两者通过市场机制引入社会资本服务生态建设和社会经济发展，促进生态产品经济化，加快生态资源向生态资本转变。

除了经济导向的偿付规则外，新安江生态补偿还制订了"考核指标—行政问责—法律制裁"的分级惩罚规则，鼓励全民监督，以保障生态系统服务的成果。首先，安徽省改变对黄山市的考核指标，从第一轮生态补偿开始就降低地区生产总值（GDP）考核权重，加大生态环保考核权重。在安徽省省辖市的目标考核中，黄山市是全省唯一不考核工业化率的城市。其次，建立了严格的问责机制，根据安徽省新安江干流"一河一策"实施方案，对于河长的考核，明确定位到相关负责人且指标细致，对于考核不合格的予以通报批评，对较严重的行为实行"一票否决"。最后，加强环境监管执法。对一系列非法使用新

---

① 水质考核标准的提高体现在 P 测算上。高锰酸盐指数、氨氮、总氮、总磷4项污染物指标权重系数，由平均权重调整为0.22、0.22、0.28、0.28，提高了总氮和总磷的权重。

安江流域发展权或对使用许可不正当授权的进行罚款或行政处罚，在法律上对非法采砂、非法排放等行为加以强调。同时，黄山市还鼓励全社会参与监督流域生态环境保护工作，赋予社会公众就发现的流域问题向该流域负责人投诉、举报的权力。

（八）从规则视角再次审视流域生态补偿的问题

依据以上分析，并对比表6-2提炼的流域生态补偿应用规则体系，总结了新安江生态补偿的应用规则清单，如表6-4所示。在流域生态补偿的实践中，无论中央政府还是地方政府，均被视为流域生态补偿的主要参与者。但是仅仅依靠政府是否可行？政府能否承担流域生态补偿涉及的方方面面责任？显然，答案不是简单的是或者不是。诚然，正如第五章研究分析的结论一样，政府是必须的，是不可或缺的，是能够建立流域生态补偿的重要保障。第六章讨论职位规则时，也分析过流域生态补偿主体不能只有政府。虽然在我国整体的流域生态补偿制度建设过程中，政府是起主导作用的，并在政府的主导下形成了以政府出资为主体的流域生态补偿现状（靳乐山，2019），但是政府不能否认市场在流域生态补偿中的作用，而过度干涉市场治理。政府的治理无法深入到流域生态补偿的各方面，囿于行政范围与流域范围的割裂，行政权力无法跨越的"鸿沟"时常出现，因此，效率低成为那些仅仅依靠政府的流域生态补偿制度的弊端之一。公众在流域生态补偿建立和实施过程中的参与情况也不算乐观。公众将治理责任归于政府，这种认知使得公众参与流域生态保护的意识淡薄，在一些流域突发事件中还容易造成公众对政府的不信任。尽管中共中央、国务院《关于加快推进生态文明建设的意见》中提出要"鼓励公众积极参与，完善公众参与制度"，但从实效看，仍存在着参与方式是被动待选、参与的权利义务不对称、参与程序存在偏差等问题，社会公众仍难以通过合理的平台有效参与流域生态补偿的决策制订、实施及纠纷解决等（王树义 等，2019）。

表6-4　新安江生态补偿的应用规则清单

应用规则	流域生态补偿的具体表现	新安江生态补偿的情况	解释说明
职位规则	中介者	存在	中央政府
	购买者	存在	浙江省
	提供者	存在	安徽省
	监督者	存在	两省共同监测
	非政府组织	存在	科研专家和技术机构
	各方有交流平台	存在	各层级的联席会议

（续）

应用规则	流域生态补偿的具体表现	新安江生态补偿的情况	解释说明
边界规则	地理位置的接近	存在	新安江流域附近的村庄都在生态补偿项目之内
	进入标准	未观测到	没有明确的进入标准，只要有潜在危害到新安江水质行为的目标人群都进入项目
	吸纳潜在参与者	未观测到	没有考虑潜在参与者，例如来当地的旅游者
	较高的退出壁垒	存在	黄山市退出壁垒较高，可以部分消除不可持续的负面影响
选择规则	因位置规则而变	存在	不同位置的参与者有各自的行动安排
	限制土地用途	存在	包含了网箱拆除、养殖场关闭、控制采伐活动等
	规则的层次性	存在	涵盖污染防治、污水治理、河道综合治理和生态修复等工作，并细分为更具体的项目
	阐述的简单性	未观测到	由于规则形式都是以项目为主，没有明确和简单的规则阐述
聚合规则	当地居民参与决策	模糊	当地居民参与部分决策
	适当放权	存在	中央政府把决策权给了安徽省和浙江省，两省再交给黄山市和杭州市
	多个利益相关者组成决策机制	模糊	政府、科研专家等角色有加入决策机制，但是没有当地居民
范围规则	代理指标的挑选	模糊	仅有一个水质指标
	设立流域管理机构	存在	新安江流域生态建设保护局是中国首个为流域生态补偿成立的机构
	补偿预算	未观测到	补偿预算不明确，成本和收益无法体现
信息规则	生态信息纳入决策	存在	水质指标中 P 的选择反映了部分生态信息
	信息公开	模糊	虽然有公示，但是群众难以接触
	参与者的沟通	存在	常态化举办宣传活动

（续）

应用规则	流域生态补偿的具体表现	新安江生态补偿的情况	解释说明
偿付规则	以经济导向为主	存在	中央补偿部分金额，浙江省和安徽省则根据指标"亿元对赌"
	避免一刀切的规则	未观测到	通过估算生态系统服务创造的价值来确定补偿标准
	分级制裁	模糊	对违法行为进行罚款或行政处罚，对考核不合格的官员实行"一票否决"

流域生态补偿规则单向运行的问题与流域和行政区域管理不重叠的问题息息相关。虽然在很多地方的实践中流域生态补偿结合了河长制，期盼着"河长上岗、水质变样"，但是绝大多数河长制是由地方行政首长负责的，本质上还是自上而下的运行结构。此外，不仅上下游政府之间存在利益矛盾，基于上级政府对下级政府的权威体制，对于流域问题上下级政府之间同样存在矛盾与冲突。一方面，上级政府要求下级政府履行保护流域环境的职责，这与其追求经济发展的动力相矛盾。如果下级政府不考虑企业对流域资源的破坏与对流域环境的污染，只考虑经济效益，那么很有可能会出现政府对企业监管松散、睁一只眼闭一只眼的情况，甚至还会出现政府权力寻租的不法现象。另一方面，上级政府从宏观层面建设流域生态补偿制度，制度的顶层设计一般只会给出宏观蓝图。下级政府是在微观层面上执行上级的政策，但是各地具体情况不同，行动情境多变，流域生态补偿的实施目标和保护重点也不尽相同。因此上级政府设计的政策可能会损害一些下级政府的利益，这就可能出现"上有政策、下有对策"的情形。

第四节　本章小结

本章回答了哪些类型的应用规则需要在流域生态补偿制度中存在、表现形式有哪些等科学问题，也提供了一个流域生态补偿设计需要普遍遵循的特定规则清单。本章从介绍中国流域生态补偿的宪政选择层次和集体选择层次的规则入手，理解流域生态补偿规则的层次性以及不同层次规则之间的互动关系。同时，结合流域生态补偿规则的特征和解构，应用系统评价法，根据文献资料总结一组特定的流域生态补偿应用规则，运用该组规则分析国家试点项目——新安江流域上下游横向生态补偿机制，讨论有可能实现流域生态系统服务持续利用的应用规则。习近平总书记（2019）在《推动形成优势互补高质量发展的区域经济布局》一文中明确提出要"要推广新安江水环境补偿试点经验"。那么哪些是可以推广的新安江试点经验？本书认为正是新安江生态补偿中建立的应用规则。基于此，本章的研究结论如下。

中国流域生态补偿的顶层设计奠定了实践基础，在流域资源的产权、流域管理和流域系统服务的有偿使用等方面均有体现。与此同时，流域生态补偿的实践促进了顶层设计的完善，流域生态补偿的要素在实践中发现问题又在政策改革中提出可能的解决方案。在构建针对流域生态补偿的特定规则体系时，发现这套规则应当包括明确的位置规则、清晰的边界规则、全面有层次的选择规则、合理放权的聚合规则、匹配的范围规则、透明公开的信息规则和创新的收益规则。

新安江生态补偿作为我国第一个跨区域的上下游横向生态补偿，建立了一套较为完整的应用规则体系。首先，该规则体系包括 IAD 框架中提到的 7 类规则，其次每类规则都有不同程度的完整性，为建立可复制、可推广的生态补偿制度构建了良好规则模板。新安江实践表明，职位规则、边界规则、选择规则、偿付规则是规则体系的主要部分，聚合规则、范围规则、信息规则予以辅助——提高生态补偿的实施效率。具体来说，位置规则明晰补偿主体和责任，边界规则选择参与者标准，选择规则规定多层次的行动集合，偿付规则创新补偿渠道和分级制裁，这些规则是跨区域流域生态补偿机制建立的基石；信息规则确定可用完整的信息，聚合规则适当放权于当地居民，范围规则建立与流域匹配的管理机构，这些是提高流域生态补偿持续性的重要因素。

第七章

流域生态补偿规则运行的结果
及其可持续性

　　第五、第六两章围绕流域生态补偿规则的建立基础和具体表征展开分析，它们均会对一个流域生态补偿项目产生切实的影响，那么这个影响到底会对当地产生怎样的结果？毋庸置疑，对生态补偿机制的实施效果进行考核、评估是确保机制运行效率的核心问题（靳乐山 等，2019）。从预期目标的角度出发，需要判断在规则体系下建立的行动情境（也是第五章的研究内容）是否满足流域生态补偿项目的预期目标；从运行结果的角度出发，需要考察规则构建的治理体系（也是第六章的研究内容）在当地运行之后产生了什么结果，是不是在一定程度上促进了当地的生态、经济、社会方面的进步，这种积极的影响结果能否持续。基于此，为了全面考察该制度绩效，本书从生态、经济、规则3个方面对新安江生态补偿进行评估，考察新安江生态补偿是否对生态环境产生了积极的影响。选择人类活动净氮输入作为生态效益的评估指标，通过估算第一轮和第二轮新安江生态补偿时期的人类活动净氮输入，分析该流域人类活动净氮输入的时空分布；通过经济评估讨论该流域生态补偿的投资是否有效，根据项目的资金运用情况，采用数据包络分析检验资金投入在减少人类活动净氮输入和提高农村居民人均收入水平两方面是否有效率；根据第六章对流域生态补偿应用规则的梳理和解析，从规则的效率、公平、问责制和适应性对应用规则进行评估，通过规则评估判断新安江生态补偿的应用规则是否满足制度建设和运行的要求。结合3个维度评判新安江生态补偿的规则运行结果能否满足预期目标——补偿指数 P、富营养化问题以及规则运行结果有无可持续进行的能力，用以评估新安江生态补偿规则的运行结果和结果的可持续性。

第一节　规则运行结果及其可持续性的逻辑分析

　　在若干规则的共同作用下，某种结果可能出现也可能不出现，收益可能为正也可能为负（奥斯特罗姆，2011）。面对结果的不确定性，我们需要明确建立规则是为了实现特定的目标，让规则实现的有益结果能够长久可持续运行。

根据第六章对文献和案例的分析，可以发现当存在某些规则的时候会出现一系列的结果。职位规则创造了监督，行动有明确的责任人，有利于建立以双方普遍认同为基础的长期信任，而且能提高生态补偿项目的可持续性。有的学者担心一旦面临严重的突发性跨界污染，没有威权体制约束的合作双方就会耗时耗力重新谈判（范永茂　等，2016）。当中央政府同时兼职使用者时，可以提供激励与约束并存的合同机制，既能激励利益相关者进入生态补偿，也能约束提供者可能存在的道德风险。中央政府的定位有效解决了此类约束力不足的问题。边界规则重视再分配的公平，明确纳入贫困人群，增加了流域生态补偿的公平性，也能帮助当地居民转换生计策略、改变生活方式。选择规则针对不同的流域区域有不同的行动重点，有效地建立了多层次的行动，准确定位到项目责任人，依据特定区域的具体要求安排不同的项目。既能促进流域生态系统服务的产生，也能降低人类对流域环境的负面影响。范围规则中若存在流域区域和行政区域一体化的管理机构则利于流域管理以及促进生态系统服务的增加。当范围规则澄清了生态补偿的目的，提高生态系统服务的可见度（如水的清澈），则能有效降低人们破坏环境的行为。聚合规则中，参与生态补偿决策的渠道越多样化越有利于促进公平和共同参与。信息规则提供使用者和提供者之间的交流平台，能够促进上下游的联系，并且信息公开、渠道明确，能够有效聚集相关信息，有助于达成增强公平和增加参与的目的。偿付规则主要以经济为导向，避免一刀切的补偿方式可以帮助当地居民转变生计策略、帮助当地改变经济发展模式。改变政绩考核指标、河长制的行政问责等分级规则能够有效追究当事官员的责任，促进项目的公平。

可以发现，流域在地理上决定了上游政府、下游政府与其他主体之间的资源禀赋，流域生态补偿可以通过改变权力结构影响资源分配情况，更进一步说，会改变流域生态系统服务的供给。将规则影响结果的一般化路径总结为，规则体系决定了一个流域生态补偿制度能否通过建立一个目标一致的权力机构，以保证流域生态系统服务的有效供给，决定了一个流域生态补偿制度能否多层次运行以及是否具有广泛的决策和参与机制来提供因地适宜、因势利导的监督与管理能力。可以发现，各类规则都能发挥作用并可能不只影响一种结果，如表7-1所示。

表 7-1　流域生态补偿规则与结果的关系

二级规则（一级规则）	可能产生的结果
国家政府最好作为生态系统服务提供者和购买者之间的中介（职位） 监督者必不可少，由谁担任视情况而定（职位） 科学团体需要提供生态系统服务相关的知识与技术（职位） 水资源用户（和其他利益相关者）接近流域（边界） 流域生态系统服务的提供多是通过限制土地用途达到的（选择） 设立的流域管理机构尽量和流域的地理范围匹配（范围） 挑选可靠的生物多样性和生态系统服务的代理指标（范围） 需要把有关生态系统服务的信息纳入生态补偿的决策和政策措施中（信息）	增加生态系统服务
监督者必不可少，由谁担任视情况而定（职位） 不同职位的行动者需分别制订不同的选择规则（选择） 重视选择规则的层次性和规则阐述的简单性（选择） 澄清生态补偿的目的，提高生态系统服务的可见度（信息）	降低人类活动对 流域的负面影响
科学团体需要提供生态系统服务相关的知识与技术（职位） 进入标准应当覆盖目标人群的进入资格、进入意愿和进入能力（边界） 以经济导向为主，避免一刀切（偿付）	生产方式和生计 策略的转变
国家政府最好作为生态系统服务提供者和购买者之间的中介（职位） 较高的退出壁垒（边界） 参与者之间的沟通（信息）	增强提供者和 使用者的联系
非政府组织是值得信赖的中介者（职位） 监督者必不可少，由谁担任视情况而定（职位） 采用合同拍卖（或招标）的方式能激励参与者进入生态补偿，同时缩短合同期限以纳入潜在参与者（边界） 补偿预算不仅包含经济估值而且需要关注社会因素（范围） 当地居民需要更多地参与决策（聚合） 需要一定程度的集中决策，可以适当分配决策权利给当地的管理机构（聚合） 通过多个利益相关方组成董事会或类似结构的决策机制（聚合） 分级制裁规则（偿付）	促进公平和 共同参与

注：二级规则的内容来源于第六章的表 6-2。

第二节　规则运行结果：预期目标达成分析

一种制度在实施过程中，往往会出现事与愿违、无法达到预期目的，甚至出现非预期后果（饶旭鹏 等，2012）。同样的，流域生态补偿的治理结果有多种可能性，结合治理目标的基本取向[①]，流域生态补偿的目标有：流域生态系

[①]　就目标价值来看，治理目标的基本取向有 4 个：一是经济增长及资源的可持续性开发；二是分配的平等或公正；三是以有序参与为基础的秩序问题；四是以自主选择为前提的公共参与（郭正林，2004）。

统服务的恢复与增加、流域生态资源分配的公平等。其中，一个流域生态补偿在实施方案中明确规定的补偿依据和目标是考察规则运行结果时最核心的指标。

一、补偿指数 P

范围规则需要考虑使用什么类型的生态系统服务代理指标，流域生态补偿的实施结果和这些指标的可靠性息息相关。保护和改善新安江水质是《新安江流域水环境补偿试点实施方案》中明确规定的目标。补偿指数 P 既是该目标的可量化考核指标，也是皖浙两省的补偿依据。因此为了检验新安江生态补偿规则运行是否达到预期目标，首要是确定 P 是否在补偿期间达成浙江补偿安徽的条件，再考察 P 在补偿期间的变化趋势。

按照《新安江流域水环境补偿试点实施方案》中规定的以安徽和浙江两省跨界的街口国控断面作为考核检测断面，按照《地表水环境质量标准》（GB 3838—2002），以高锰酸盐指数、氨氮、总磷和总氮 4 项指标常年年平均浓度值为基本限值，测算街口断面的补偿指数 P，用于考察当年生态补偿项目是否达到补偿的标准。

新安江生态补偿街口断面的补偿指数 P 计算公式如下：

$$P = k_0 \times \sum_{i=1}^{4} k_i \frac{C_i}{C_{io}}$$

其中：k_0——水质稳定系数（第一轮取值 0.85，相当于允许水质在原有基础上恶化 17.65%）；k_i——指标权重系数，按照 4 项指标平均，取值 0.25；C_i——某项指标的年均浓度值；C_{io}——某项指标的基本限值。

两轮考核的测算指标和公式虽然一样，但是有几点不同：①第一轮（2012—2014 年）中 4 项考核指标常年年平均浓度值是 2008—2012 年 3 年平均值，第二轮（2015—2017 年）则是 2012—2014 年 3 年平均值；②第一轮高锰酸盐指数、氨氮、总磷和总氮 4 项指标的权重系数是一样的，均为 0.25；第二轮 4 项污染物指标权重系数，由平均权重调整为 0.22、0.22、0.28、0.28，提高了总氮和总磷的权重；③水质稳定系数 k。由第一轮的 0.85 提高到 0.89。从以上 3 个改变来看，第二轮的考核水平明显比第一轮有所提高。

2012—2017 年，皖浙两省每年均对跨省界的街口国控断面开展 12 次联合监测，街口断面的主要水质指标监测数据及 P 见表 7-2。

表 7-2　新安江生态补偿的补偿指数 P 变化

年份	2008—2012	2012	2013	2014	2012—2014	2015	2016	2017
P	0.85*	0.833	0.828	0.825	0.89*	0.886	0.852	0.888

注：数据来源为新安江流域生态建设保护局；＊为年均值。

从表7-2中可见，无论是第一轮（2012—2014年）还是第二轮（2015—2017年），补偿指数 P 均达到补偿要求，街口断面水质总体保持稳定。由于计算口径的变化，第二轮的补偿指数 P 比第一轮高。因此，为了对比两轮试点补偿指数 P 变化情况，参照第一轮补偿指数 P 的计算公式，下面重新计算第二轮试点补偿指数 P，如表7-3所示。

表7-3 使用统一计算公式的补偿指数 P

年份	2012	2013	2014	2015	2016	2017
P	0.833	0.828	0.825	0.815	0.785	0.819

由表7-3可得，在补偿期间，补偿指数 P 是稳中有降的，总体上呈下降趋势。第二轮（2015—2017年）年均 P 比第一轮（2012—2014年）年均 P 降低2.7%。从 P 的数值上看，新安江生态补偿的预期目标有效实现，不仅满足了补偿要求，还进一步改善了水质，水环境持续向好。

根据以上分析，可以看出新安江生态补偿达到了水质向好的预期目标。那么这些结果是如何通过新安江生态补偿达成的呢？从补偿资金的使用用途可以窥见一斑。具体的投资项目和金额如表7-4所示。

表7-4 两轮流域生态补偿的项目个数和投资金额

补偿时期	类别	项目个数	项目资金（万元）	完成资金（万元）	安排试点资金（万元）
第一轮补偿	农村面源污染	102	51 004.6	41 983.0	26 686.2
	污水和垃圾处理	34	46 980.8	42 405.0	11 599
	工业点源污染	14	158 150	104 739	12 617
	生态修复工程	31	911 038.5	664 526.0	103 575.8
	能力建设	11	12 040	5 895	5 600
第二轮补偿	农村面源污染	8	288 624	24 150	21 160
	污水和垃圾处理	9	98 533	9 605	27 280
	工业点源污染	4	626 000	146 471	124 130
	生态修复工程	5	706 485	166 200	24 200
	能力建设	7	1 286	700	1 230
合计		225	2 900 141.9	1 206 674	358 078

数据来源：新安江流域生态建设保护局。

第一轮补偿资金专项用于新安江流域产业结构调整和产业布局优化、流域综合治理、水污染防治，以及生态保护和建设等方面。第二轮补偿资金中，两省新增的各1亿元补偿资金主要用于安徽省内两省交界的污水和垃圾（特别是农村污水和垃圾）治理（陈东风 等，2016）。从表 7 - 4 可以看出，新安江生态补偿在城镇生活污水治理、工业污染防治、农业污染防治、城乡垃圾处理、强化水生态保护修复以及水环境风险管控等方面投入了大量的资金，并且这些资金专款专用。两轮补偿期间，依托这些项目资金完成新安江干流和 13 条支流 102 个入河排放口截污改造，实施 97 个农村生活污水处理工程，完成农村改水改厕 23 万户（其中歙县新安江干流两岸农户分散式处理 6 700 户、沿江排污口集中整治 16 个、收集治理船舶污水 23 艘），城镇、农村生活垃圾处理率分别达 100% 和 80%。

从总体上看，第一轮新安江生态补偿项目已完成投资 85.95 亿元，第二轮完成投资 34.71 亿元。这些资金一部分为新安江生态补偿专项资金。一部分为黄山市为达到流域水环境改善而投入的地方财政资金。所有资金都是为新安江生态补偿项目开展而进行的投入，当地建设污染治理项目、水质提升项目的绝大部分资金来自这些资金，因此新安江流域生态补偿项目实施和资金投入对于新安江流域水污染治理和水质的提高具有关键作用。

以下将从新安江生态补偿实施的另一目标——解决千岛湖的富营养化问题出发，在流域生态补偿的具体做法（选择规则）、人类活动和对流域的生态改善三者之间建立分析关联，以此进一步考察新安江生态补偿规则运行结果能否满足预期目标。

二、富营养化问题

新安江生态补偿实施的初衷之一是解决下游千岛湖的富营养化问题（国家发展改革委，2013）。富营养化是一种由营养过剩引起的水污染，而氮是富营养化的主要污染元素（张汪寿 等，2014）。水体中的氮浓度增加和人类活动密切相关（Han et al.，2014；Lian et al.，2018）。新安江生态补偿正是通过一系列的项目安排改变流域地区人类活动，从而达到控制氮污染的目的。人类活动通过多种方式影响流域的氮负荷，比如农业生产活动需要施用肥料，种植固氮的农业作物，消费和养殖高蛋白畜牧产品等。增加流域氮的输入通常伴随着流域输出氮的相应增加。因此理解和表征人类活动导致的氮输入量和输入来源有助于流域可持续管理和改善水质环境（Han et al.，2009；Bellmore et al.，2018）。基于此，选择人类活动净氮输入（NANI）作为检验流域生态补偿实施能否改变人类活动行为从而改善生态环境的指标，是合理的。

1996 年，Howarth 等首次提出了 NANI 的概念和组成，并利用相对原始地区的数据作为对照组，估计许多温带地区的流域氮输入在工业化之后增加了

2～20 倍，这表明流域氮输入与 NANI 有很强的关系。因此，通过估算一个流域的 NANI 有利于分析和控制该流域氮输出。NANI 是一种简单的准物料平衡方法，包括 4 个组成部分：氮肥施用（fertilizer N application）、大气氮沉降（atmospheric N deposition）、作物氮固定（agricultural N fixation）和食品/饲料净输入量（net N food and feed imports）[①]，其中食品/饲料净输入量为人类和动物各自的食物氮消费量减去动物产品和作物产品的含氮量。在一个流域中，人类通过生产、生活等行为向流域中输入氮元素（投入化肥种植作物、利用粮食或饲料喂养牲畜、燃烧化石或其他燃料等）这些行为都会产生活性氮并通过大气沉降作用重新回到流域，使氮源源不断进入流域生态系统，输入到流域生态系统中的氮元素一部分通过河流输出流域威胁下游环境，另一部分储存在土壤或地下水中再次释放进入水体继续危害流域生态环境（Tartowski et al.，2013）。整个流域的氮素循环与 NANI 的关系如图 7-1 所示。

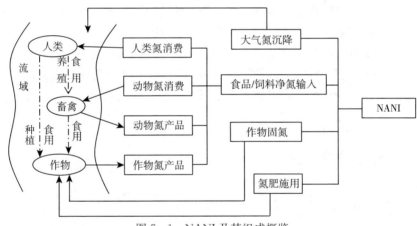

图 7-1　NANI 及其组成概览

（一）研究区域概况

新安江流域属亚热带季风气候区，温暖湿润，雨量充沛，光照充足，多年平均气温 17℃，最低月平均气温 5.8℃，最高月平均气温 28.9℃；地貌以山地、丘陵为主，海拔 700～1 200 米；森林覆盖率达 75％以上；多年平均降水量 1 733 毫米，人均水资源量 6 405 立方米。流域山高坡陡、降雨强度大，容易诱发滑坡、崩塌和泥石流等地质灾害（国家发展改革委，2013）。

新安江流域包括黄山市屯溪区、徽州区、歙县全境，黄山区、休宁县、黟

---

①　4 个组成部分代表进入流域的外来氮源，不包括动物粪便及其施用于农作物等氮的流转形式，因为这些是流域内部氮素的循环和重新分配过程。

县、祁门县的部分地区，详细范围见表 7-5。

表 7-5　新安江流域（黄山市境内）范围表

市	区/县	乡镇（街道）	流域面积（千米²）
黄山市	屯溪区	昱东街道、昱中街道、昱西街道、老街街道、屯光镇、阳湖镇、黎阳镇、新潭镇、奕棋镇	249
	黄山区	汤口镇	289.95
	徽州区	岩寺镇、西溪南镇、潜口镇、呈坎镇、洽舍乡、杨村乡、富溪乡	424
	歙县	徽城镇、深渡镇、北岸镇、富堨镇、郑村镇、桂林镇、许村镇、溪头镇、杞梓里镇、霞坑镇、岔口镇、街口镇、王村镇、坑口乡、雄村乡、上丰乡、昌溪乡、武阳乡、三阳乡、金川乡、小川乡、新溪口乡、璜田乡、长陔乡、森村乡、绍濂乡、石门乡、狮石乡	2 236
	休宁县	海阳镇、齐云山镇、万安镇、五城镇、东临溪镇、蓝田镇、溪口镇、流口镇、汪村镇、商山镇、山斗乡、渭桥乡、板桥乡、陈霞乡、鹤城乡、源芳乡、榆村乡、璜尖乡、白际乡、龙田乡、岭南乡	1 952.74
	黟县	碧阳镇、宏村镇、渔亭镇、西递镇	453.38
	祁门县	金字牌镇、凫峰镇	251

来源：作者整理自《千岛湖及新安江上游流域水资源与生态环境保护综合规划》，其中，歙县、休宁县等有个别乡镇的行政区划有变动，以新安江生态补偿实施第一年（2012 年）的行政区划为准。

（二）新安江生态补偿对 NANI 的影响[①]

新安江生态补偿通过一系列的项目安排（即选择规则的具体表现）来改变流域地区人类活动从而达到控制氮污染的目的。下面从新安江生态补偿具体实施措施探讨生态补偿对 NANI 的影响途径，见图 7-2。

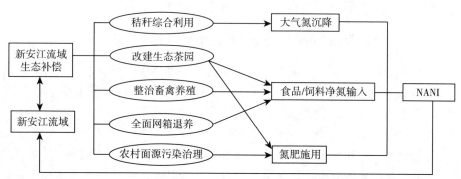

图 7-2　新安江生态补偿对 NANI 的影响路径

首先，大部分流域的氮输入源为氮肥，氮肥造成的农业面源污染对水域富

---

① 本节所有数据取自新安江流域生态建设保护局。

营养化的影响呈逐年加剧趋势（夏永秋 等，2018）。因此，减少氮肥施用是控制流域氮输入的重点途径。新安江生态补偿控制氮肥输入的措施主要包括开展测土配方施肥、农作物秸秆综合利用、冷浸田农艺措施和养分管理等综合治理工作，增加秸秆和畜禽粪便等有机肥的利用，可减少化肥施用量，从源头上控制面源污染。补偿试点实施期间，黄山市氮肥施用量总体呈现下降趋势。2017年氮肥施用量为 16 416 千克/千米^2，相比 2010 年下降 31.67%。与此同时，在氮肥施用量总体下降的情况下，2010—2017 年，黄山市有机肥销售量呈逐年上升趋势，由 2010 年的 800 吨，上升到 2017 年的 15 000 吨，增长了 17.75倍。可见补偿试点实施期间，新安江流域既用有机肥保证了作物的营养，也减少了氮肥的输入。

其次，针对食物/饲料净氮输入方面，新安江流域（黄山市境内）的做法主要有以下几点：第一，实施规模化畜禽养殖整治工作，科学制订畜禽养殖规划，截至 2017 年底，已全面完成禁养区内 124 家畜禽养殖场的关闭或搬迁，关停数量（猪当量）42 995 头。第二，河道网箱退养，歙县网箱养殖主要在深渡、新溪口、武阳、坑口、小川和街口 6 个乡（镇），徽州区主要集中在丰乐河流域，共涉及养殖户 787 户，2 750 余人。目前，新安江干支流累计退养6 379只网箱，面积 37.2 万平方米，其中歙县 5 204 只、徽州区 1 175 只。第三，作为著名的产茶地区，黄山市在已有基础上修建"坡改梯"生态茶园，以及建设有机茶生态茶园基地等，全市有机茶、绿色茶、无公害茶园的面积达到72.9 万亩。

最后，黄山市禁止燃烧秸秆，秸秆综合利用率从 2010 年的 75% 提高到2017 年的 87.4%，有利于控制大气氮沉降。大豆、花生等固氮作物在黄山市的种植面积并不高，主要集中在歙县、休宁县和祁门县。

（三）新安江流域 NANI 在补偿期间的时空变化

2008—2017 年，新安江流域（黄山市境内）的 NANI 计算结果[①]如表 7 - 6所示。从表中可以看出，在这一时期新安江流域内的 NANI 总体上呈下降趋势。从全市范围来看，NANI 的数值先升后降，由 -4 637.23 千克/（千米^2·年）升至 -4 118.35 千克/（千米^2·年）再降为 -9 576.493 千克/（千米^2·年），大幅度下降的时间发生在 2012 年以后，也就是流域生态补偿实施的期间。从地区来看，下降明显的地区有屯溪区、歙县，它们由净氮输入地区变为净氮输出地区的时间拐点分别是第二阶段新安江生态补偿时期和第一阶段新安江生态补偿时期。

---

① NANI 的指标、数据来源、计算过程等见附录 A。

表 7-6　不同时期新安江流域（黄山市境内）的人类活动净
氮输入量［千克/（千米² · 年）］

地区	2008—2009 年	2010—2011 年	2012—2014 年	2015—2017 年	均值
屯溪区	1 873.205	1 343.480	670.080	−3 145.047	−99.153
黄山区	−3 028.800	−2 104.025	−1 992.367	−1 322.217	−2 020.940
徽州区	−2 484.980	−1 365.890	−2 088.037	−775.383	−1 629.200
歙县	4 164.910	539.750	−478.757	−344.733	693.885
休宁县	−2 620.665	−1 496.510	−2 000.380	−2 251.900	−2 099.119
黟县	−1 391.100	−629.325	−1 233.500	−1 417.903	−1 199.506
祁门县	−1 149.795	−405.825	−604.070	−319.317	−588.140
全市	−4 637.225	−4 118.345	−7 727.031	−9 576.500	−6 942.173

注：最后一列均值为所有年份的数据均值。

　　新安江流域各输入项占 NANI 的百分比变化趋势如图 7-3 所示。从全流域来看，氮肥的施用是氮的主要输入源，占 NANI 的比值从 2008 年的 35.9% 下降为 2017 年的 25.3%。食品/饲料消费与生产是该地区氮的主要输出源，对 NANI 的贡献从 2008 年的 59.3% 上升至 2017 年的 68.7%。大气沉降氮具有线性增加趋势，原因是本研究参考了相关研究对安徽省和长江流域的研究数据，假设大气沉降氮是按照一定速率逐年增加的，占 NANI 的比例从 3% 增加为 4.2%。作物固氮占 NANI 的比值最少，保持在 1.8%～1.9%。

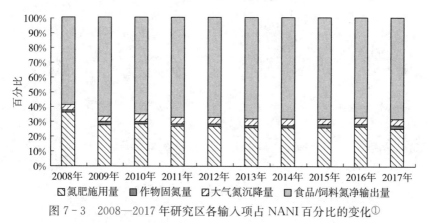

图 7-3　2008—2017 年研究区各输入项占 NANI 百分比的变化①

　　黄山市 7 个区（县）的 NANI 分布表现出区域差异。结合表 7-6 和图 7-4 可见，NANI 的高值区集中在歙县和屯溪区，也就是新安江流域的下游地区。除

──────────

　　①　因为食品/饲料氮净输入的数值有正有负，此处取绝对值，将图例改为"食品/饲料氮净输出量"，并不影响对总体 NANI 贡献的判断。

歙县为 693.885 千克/（千米²·年）外，黄山市境内其他 6 个区（县）NANI 的 10 年平均值均为负数，意味着新安江流域（黄山市境内）人类活动产生的氮是从该地区输出到其他地区的，是净氮输出的区域。歙县 NANI 平均值为正的主要原因是早期大量施用氮肥，中期才开始控制化肥使用，从 2008 年 12 470.29 千克/（千米²·年）下降为 2012 年的 4 091.14 千克/（千米²·年），也从人类活动的净氮输入地区转为输出地区。从图 7-4 看出，明显下降的时间在 2011 年以后，这个时间点也是新安江生态补偿第一轮实施时期，之后各个区（县）的 NANI 值一直稳定在 0 以下。因此从 NANI 值这一指标来看，新安江生态补偿确实有效减少了河流的氮素输入。

根据以上分析，选择规则一方面通过一系列污染治理项目、水质提升项目的建立有效提升了水质，使有关水质的考核指标达到了补偿标准；另一方面通过改变流域地区人类活动行为从而控制氮素输入，缓解富营养化。范围规则考虑了生态系统服务的代理指标，由高锰酸盐指数、氨氮、总磷和总氮 4 项指标的常年年平均浓度值为基本限值的代理指标作为水质指标。偿付规则保证了污染治理项目、水质提升项目等项目的资金来源。

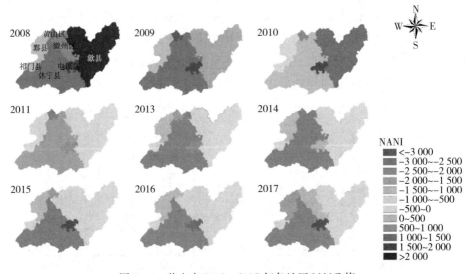

图 7-4 黄山市 2008—2017 年各地区 NANI 值

第三节 规则运行结果的可持续性：经济效率、发展模式与社会效益

流域生态补偿不可能长久地进行下去。如何在补偿结束之后继续维持良好

的流域生态环境？关键在于，流域地区需要引导当地改变生产方式和提供一个良好的制度环境。由于流域生态补偿具有公共政策的属性，分析其社会效益的重要性自然不言而喻，但社会效益不易量化，因此采用定性分析的方式进行（马庆华，2015）。结合其他学者的研究，选择产业结构和上下游关系（陈建军等，2020）代表发展模式，扶贫（李彩红 等，2019）和共同参与（Kwayu et al.，2014）代表社会效应说明新安江流域生态补偿运行结果的可持续性。

一、经济效率

目前我国的生态补偿政策普遍存在"重项目、轻绩效"的问题，重视项目的设定和实施，但对于项目具体产生的绩效考核不够充分，或者部门考核时仅考核本部门政策的绩效（靳乐山 等，2019）。新安江生态补偿的主要做法是依托项目有针对性地解决流域中的问题，从表7-4可见，新安江生态补偿的项目主要有五大类别，包括农业农村面源污染防治，城乡污水处理设施及截污管网建设，工业园区基础设施建设，河道清淤疏浚、排水、生态护岸建设，以及规划编制、科普宣传、监测能力提升等内容。

那么，这些项目资金投入是否有效地产生了流域生态系统服务？为了回答该问题，本节选取2010—2017年两轮生态补偿项目资金作为投入指标，人类活动净氮输入和农村居民人均纯收入作为产出指标，运用数据包络分析的SBM模型[①]测算新安江流域不同区（县）的补偿资金使用效率。

（一）流域生态补偿资金使用效率的结果

本节使用了2010—2017年新安江流域69个乡（镇）人类活动净氮输入、农民纯收入和生态补偿项目资金、人口、土地的数据，利用MaxDEA 8 Basic软件测算了在非径向非角度的SBM模型下各个乡（镇）生态补偿项目资金的利用效率，结果如表7-7所示。

表7-7　新安江流域乡（镇）生态补偿资金的利用效率

DMU	分数	DMU	分数	DMU	分数
屯溪区街道	1.000	休宁县岭南乡	0.394	屯溪区奕棋镇	0.095
屯溪区阳湖镇	1.000	休宁县溪口镇	0.394	歙县金川乡	0.089
黄山区汤口镇	1.000	徽州区岩寺镇	0.392	歙县王村镇	0.077
徽州区洽舍乡	1.000	徽州区潜口镇	0.388	歙县新溪口乡	0.067

① SBM模型的指标说明、数据来源和计算过程等见附录B。

（续）

DMU	分数	DMU	分数	DMU	分数
歙县徽城镇	1.000	休宁县蓝田镇	0.379	歙县璜田乡	0.066
歙县昌溪乡	1.000	休宁县流口镇	0.371	歙县街口镇	0.064
歙县狮石乡	1.000	休宁县陈霞乡	0.369	歙县霞坑镇	0.062
休宁县海阳镇	1.000	休宁县板桥乡	0.366	歙县深渡镇	0.061
休宁县万安镇	1.000	徽州区西溪南镇	0.358	屯溪区屯光镇	0.060
休宁县龙田乡	1.000	休宁县汪村镇	0.333	歙县桂林镇	0.054
休宁县璜尖乡	1.000	休宁县鹤城乡	0.286	歙县上丰乡	0.054
休宁县白际乡	1.000	黟县西递镇	0.283	歙县小川乡	0.052
祁门县金字牌镇	1.000	黟县渔亭镇	0.264	歙县岔口镇	0.051
休宁县商山镇	0.664	歙县郑村镇	0.241	歙县杞梓里镇	0.051
休宁县榆村乡	0.628	徽州区呈坎镇	0.222	歙县三阳乡	0.050
歙县富堨镇	0.602	徽州区杨村乡	0.203	歙县北岸镇	0.050
休宁县东临溪镇	0.517	徽州区富溪乡	0.196	歙县森村乡	0.048
黟县碧阳镇	0.499	屯溪区黎阳镇	0.184	歙县长陔乡	0.047
休宁县齐云山镇	0.480	祁门县凫峰镇	0.150	歙县石门乡	0.046
休宁县渭桥乡	0.460	黟县宏村镇	0.138	歙县绍濂乡	0.046
休宁县五城镇	0.446	歙县雄村乡	0.130	歙县溪头镇	0.045
休宁县山斗乡	0.444	歙县武阳乡	0.118	歙县许村镇	0.044
休宁县源芳乡	0.442	歙县坑口乡	0.098	屯溪区新潭镇	0.044

（二）总体评价

在研究期内，流域生态补偿的项目资金使用效率平均值是 0.373 4，大部分乡（镇）没有达到效率 1，处于低效率状态。效率最高的乡（镇）共 13 个，分别是屯溪区街道和阳湖镇、黄山区汤口镇、徽州区洽舍乡、歙县昌溪乡等 3 个乡（镇）、休宁县白际乡等 5 个乡（镇）和祁门县金字牌镇，效率为 1 的乡（镇）占乡镇总数的 19%。

基于表 7-7 中相关乡（镇）的结果，取平均值到相关区（县），得到区（县）的结果，如图 7-5 所示。黄山区补偿资金利用效率最高为 1；祁门县为 0.58，排名第二，说明有 42% 的改进空间；休宁县、屯溪区、徽州区的效率值分别是 0.57、0.40、0.39，排在第三、第四、第五位，三地的改进空间有 50%~60%；黟县（0.3）和歙县（0.19）在最后两名，均有 70% 以上的改进空间。可以看出，较多区（县）的生态补偿项目资金利用效率较低，投入和产出都有可以改进的空间。

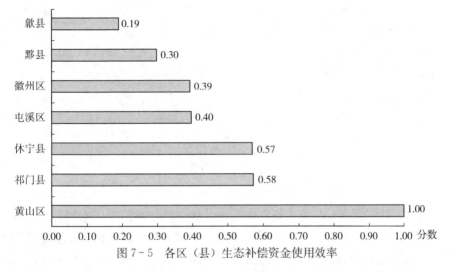

图 7-5　各区（县）生态补偿资金使用效率

由于缺乏关于流域生态补偿项目投资资金效率的相关研究，本书的研究无法与其他研究对比讨论效率低下的原因。根据结果，做出以下几点猜测：第一，从指标的选择来看，产出由于数据限制只选择了 2 个指标，不能完全反映该项目资金的使用情况。新安江生态补偿实施期间，其他污染物（磷、氨氮、高锰酸钾盐指数）也不同程度地下降了，却没有包含在产出指标中。第二，从模型的选择来看，模型测算的是强有效状态，需要比例和松弛改进都达到，对 DMU 要求更为严苛，一般情况下，径向模型的效率值≥投入/产出角度 SBM 模型的效率值≥非角度的 SBM 模型的效率值。因此使用非角度的 SBM 模型测算的效率通常都比较低。第三，从实际情况出发，由于生态效益的释放是缓慢的，项目工程的建设及其发挥作用也需要一定的时间，因此具有滞后性。资金投入运营后，生态补偿的效果，特别是提高收入方面，不能马上显现出来。但新安江生态补偿项目资金的利用效率，从总体来看，是不高的。

（三）无效改进

基于第二节对新安江生态补偿项目资金利用效率的测算结果，发现该流域存在很大的改进潜力。根据 SBM 模型，对无效 DMU 的改进包括 2 个部分，一是比例改进值（proportionate movement），二是松弛改进值（slack movement），所以改进值＝比例改进值＋松弛改进值。改进值的大小能够反映流域生态补偿项目资金的提升空间和改进潜力。表 7-8 给出了各个乡（镇）改进值分别加总得到的相关区（县）改进值。

表 7-8　新安江流域各区（县）生态补偿资金的投入指标和产出指标的总改进值

地区	NANO （吨）	农民纯收入 （万元）	综合治理 （万元）	畜禽养殖 （万元）	面源污染 （万元）
屯溪区	4 942.149	83.076	−14 204.200	212.945	339.862
黄山区	0	0	0	0	0
徽州区	14 178.984	73.553	−13 980.000	−508.367	−753.678
歙县	87 499.004	506.516	3 382.323	−436.889	−1 611.260
休宁县	35 885.989	269.275	−6 882.530	−532.484	−5 209.060
黟县	11 510.417	93.569	−10 430.200	−505.429	−2 402.310
祁门县	2 500.436	23.953	−4 275.760	−74.331	−601.758
合计	156 516.979	1 049.942	−46 390.367	−1 844.555	−10 238.204

首先，从产出指标来看，新安江流域各区（县）都需要再增加产出 NANO 和农民纯收入。歙县在产出方面最不足，NANO 和农民纯收入应分别增加 87 499.004 吨和 506.516 万元。祁门县在产出指标上差距最小，NANO 和农民纯收入增加值分别为 2 500.436 吨和 23.953 万元。其余区（县）都有不同程度的不足，总体来看都是需要增加产出的。

其次，从投入指标来看，各个区（县）的情况各有不同。屯溪区需要减少综合治理方面的投入，增加畜禽养殖和面源污染的投入；歙县与屯溪区正好相反，需要增加综合治理方面的投入，减少畜禽养殖和面源污染的投入；徽州区、休宁县、黟县和祁门县在 3 项上的投入方面均需要减少①。

二、发展模式

每一个生态补偿项目都有一定的期限，在补偿结束之后如何避免不利于生态系统服务维持和增加的生产方式和生活行为的产生是难点，也是偿付规则中需要创新和巩固的要点。以下从发展模式的角度入手，评估当地是否有继续保

---

① SBM 模型的"改进"是指各项投入（产出）指标需改进的平均比例，平均比例高并不代表每项投入（产出）的改进都高。所以出现有的地区需要增加投入的情况，这也是符合模型的。

护水环境的能力。

（一）倒逼产业结构调整

新安江生态补偿虽然在目标中没有提及转变产业模式，但是在实施过程中通过边界规则保证了工业污染企业的退出，通过偿付规则创新了补偿渠道，倒逼新安江流域产业结构的调整升级。

如表7-9所示，2008—2017年，黄山市的产业结构在10年时间里完成了由"二三一"向"三二一"的转变。第一产业占GDP的比重由13.7%下降到9.4%，与此同时，第三产业占GDP的比重由46.9%上升至54.3%。

表7-9　2008—2017年黄山市的产业结构（%）

年份	第一产业占GDP比重	第二产业占GDP比重	第三产业占GDP比重
2008	13.7	39.4	46.9
2009	13.4	40.6	46.0
2010	12.7	43.8	43.5
2011	11.9	46.1	42.0
2012	11.4	46.3	42.3
2013	11.2	46.4	42.4
2014	10.5	42.8	46.7
2015	10.4	39.9	49.7
2016	9.8	38.9	51.3
2017	9.4	36.3	54.3

来源：2009—2018年安徽省统计年鉴。

第二产业占GDP的比重先升后降。根据新安江流域生态建设保护局的数据，在两轮补偿期间新安江流域共关停175家工业污染企业，通过关停并转淘汰落后产能，通过环境政策倒逼产业转型，正逐步实现工业经济生态化。第一，截至2017年共否定外来投资项目180个，投资总规模达160亿元；优化升级工业项目290多个，总投资95.5亿元。第二，在第一轮新安江生态补偿期间，新建、扩建和改建工业企业2 088家，保证环评执行率达100%，流域内6个省级工业园区均通过规划环评。第三，加快建设循环经济园、集中治污等环境基础设施项目，实现了供热、脱盐、治污"三集中"，累计完成投资57.78亿元。这些措施有效避免了边治理边污染的怪圈，也提升了治污的效率，使工业园区产业定位更加明确。

另外，为了拓宽新安江流域综合治理投资渠道，黄山市与国家开发银行签订了 200 亿元的融资协议。在第二轮试点期间，进一步与国家开发银行、国开证券股份有限公司等共同发起全国首个跨省流域生态补偿绿色发展基金，主要投向生态治理、环境保护和绿色产业发展等领域。

总的来说，新安江流域的产业结构进行了有效的调整升级，摆脱了前期依靠重污染、重能耗的工业拉动经济的桎梏，让新安江流域可以依托生态资源发展绿色产业，通过产业转型和发展生态经济，化生态资源为经济引擎。

（二）增加上下游联动

普遍来看，流域上游的经济发展水平不如下游地区。流域生态补偿的实施要求当地牺牲一定的经济发展潜力来换取生态价值，这是对上游地区最大的影响之一。第五章提到，上下游地区之间充满了利益博弈，可以通过信息规则、范围规则等让上下游之间的联系更加紧密，成为利益共同体。

不可否认的是，黄山市和杭州市的经济水平差距很大，杭州 GDP、人均 GDP、城镇居民人均可支配收入、农村居民人均可支配收入等各项经济指标均远远高于黄山市，见表 7 - 10。

表 7 - 10　2008—2017 年黄山市和杭州市的经济发展水平对比

年份	城市	GDP（万元）	人均 GDP（元）	城镇居民人均可支配收入（元/人）	农村居民人均可支配收入（元/人）
2008	黄山	2 414 600	17 247	12 801	5 160
	杭州	47 889 748	58 861	24 104	10 692
2009	黄山	2 669 700	19 069	14 068	5 704
	杭州	51 114 007	61 533	26 864	11 822
2010	黄山	3 094 493	22 432	15 834	6 716
	杭州	59 657 106	69 828	30 035	13 186
2011	黄山	3 788 148	27 977	18 559	7 952
	杭州	70 372 782	80 689	34 065	15 245
2012	黄山	4 249 452	31 453	21 208	9 161
	杭州	78 336 168	89 323	37 511	17 017
2013	黄山	4 709 000	34 766	23 356	10 389
	杭州	83 985 753	95 190	40 925	21 208
2014	黄山	5 071 696	37 306	24 194	10 942
	杭州	92 061 634	103 813	44 632	23 555
2015	黄山	5 308 984	38 794	26 226	11 872
	杭州	100 502 079	112 230	48 316	25 719

（续）

年份	城市	GDP （万元）	人均 GDP （元）	城镇居民人均 可支配收入（元/人）	农村居民人均 可支配收入（元/人）
2016	黄山	5 804 823	42 171	28 393	12 869
	杭州	113 137 223	124 286	52 185	27 908
2017	黄山	6 113 222	44 251	30 821	14 034
	杭州	126 033 629	135 113	56 276	30 397

来源：2009—2018 年黄山市统计年鉴和杭州市统计年鉴。人均 GDP 按照常住人口计算。

　　不仅经济指标的绝对数差距很大，而且从倍数上来看，差距并没有缩小的趋势。杭州市 GDP 在 2008 年是黄山市 GDP 的 19.83 倍，到 2017 年扩大到 20.62 倍，农村居民人均纯收入的差距也在扩大，不过人均 GDP 和城镇居民人均可支配收入的差距在缩小，如图 7-6 所示。

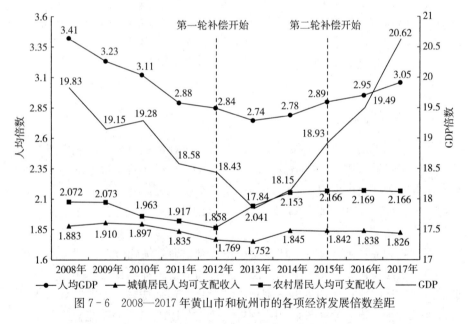

图 7-6　2008—2017 年黄山市和杭州市的各项经济发展倍数差距

　　从经济指标上来看，两轮补偿期间新安江流域上下游的经济差距没有缩小的趋势，这不利于流域生态补偿的可持续。除了加大在联合监测和水环境保护方面的交流沟通之外，上下游并没有增加在其他方面的互动合作。

　　自 2018 年第三轮新安江生态补偿开始实施，同时为了帮助黄山市加快实现绿色经济发展，杭州市开始从制度层面给予黄山市更多的补偿。同年 10 月，黄山市正式加入杭州都市圈，随之而来的是，规划、交通、产业以及服务等无缝对接。依托新安江生态补偿，本着产业互补、生态共建、发展共享的原则，黄山市与杭州市把流域治理和旅游合作作为重要发展领域，共同打造生态环保合作示范区、旅游一体化、区域综合交通一体化，有利于两个城市将原本各自的流域治理成本化为两者为了高质量一体化发展而共同承担的责任，即将保护水环境、治理流域的社会成本变成了以两市为一个共同体的私人成本，缓解了个体理性与集体理性的利益冲突，让两个地区的资源在更大范围内流动、互补，以实现将来更高水平的发展。

虽然前两轮新安江流域生态补偿中上游没有抓住机会缩小与下游的经济差距，但是从第三轮开始，黄山市和杭州市打破了传统的行政区划，成为一个跨城市甚至跨省区协同的联动发展共同体。这不仅有助于黄山加快经济发展，而且为重要流域生态资源的可持续保护和利用提供了制度保障。

三、社会效益[①]

一个流域生态补偿项目除了提供流域生态服务、改善流域生态环境之外，还承担着一定的社会责任，如缓减贫困、增加公众参与度等，提高项目在当地的适应性。因此根据新安江生态补偿在精准扶贫和共同参与方面的实施效果来考察该项目的社会效益。

（一）助力精准扶贫

无论是国外的生态补偿项目还是国内的生态补偿项目都将流域生态补偿视为一种可以帮助贫困人口的方式。2017 年 11 月 27—28 日，习近平总书记在中央扶贫开发工作会议上曾说"生态补偿脱贫一批……让有劳动能力的贫困人口就地转成护林员等生态保护人员"。因此，借助补偿资金推进生态脱贫是流域生态补偿应有之义。

首先，边界规则选择谁能加入流域生态补偿时，优先考虑有劳动能力的贫困人口。在建设新安江流域生态补偿中包含的退耕还林工程时，优先安排符合退耕条件的贫困村和建档立卡贫困户。结合林业精准扶贫，在天然林保护、公益林管护、护林防火等生态保护用工中，优先聘用 76 名有劳动能力的贫困人口为生态护林员，确保人均年收入在 5 000 元以上，帮助这些生态护林员脱贫。

其次，特色产业基地建设向贫困村倾斜。在特色种养业扶贫方面，主要发展木本油料及特色经济作物种植，2017 年以来，打造油茶、香榧、毛竹等示范基地 13 个，共计面积 1 205 亩，涉及贫困户 486 户、财政补助 150 万元。同时，打造贫困村特色产业基地，选择 74 个贫困村建设山核桃、杨梅、蓝莓、中药材

---

① 本节所有数据来自新安江流域生态建设保护局。

等特色产业基地，面积约 25 803 亩。其中，休宁县的泉水鱼产业增收效益明显，创新出产业扶贫的"板桥模式"。休宁县板桥乡探索"支部＋合作社＋电子商务"的发展模式，通过注册成立泉水鱼股份合作社，负责泉水鱼的统一养殖、管理和销售，在线预订渔家乐和泉水鱼"私人订制"等服务。渔家乐已发展到 40 余家，泉水鱼每斤价格在 80 元左右，泉水鱼年产量已达 1 200 吨，综合产值超过 2 亿元。该模式不仅保证了该地区可以走生态农业的可持续道路，而且也把"输血扶贫"的传统路线改为"造血扶贫"。

通过以上措施，截至 2017 年底，黄山市共预算安排财政专项扶贫资金 10 100万元，解决 2 790 多名农村人口就业。帮助贫困人口脱贫既实现了流域生态补偿的应有之义，也体现了项目的公平性，更重要的是，转变了当地农民的生产方式，以优良的生态资源带来的产业为主要生计来源，那么即使在项目停止之后，也能维持当地的水资源环境。

（二）促进共同参与

流域生态补偿需要适应当地情况并随情境变化，一些试图改善人类状况但是失败的项目说明了依靠简单固化的规则不能建立可以正常运作且效果良好的项目（斯科特，2004）。水资源管理制度应该具有适应性，否则无法实现水资源的可持续管理和综合管理（Ching et al.，2015）。所以，多主体共同参与流域生态补偿的渠道（由职位规则和聚合规则规定）十分重要，信息规则确保了这些渠道的信息能够有效流动。共同参与不仅意味着多个主体参与流域生态补偿，还意味着他们之中存在监督者。规则带来的社会影响评价既要考察是否有多主体参与的渠道，也要判断各类行动是否有明确的责任人。

新安江生态补偿期间，黄山市政府及相关部门开通了多种公众参与的渠道，主要包括以下几种。①公布环保信息，鼓励公众监督。不仅开通网上互动平台，及时解答各类环保问题，而且利用微信平台定期发布相关信息，使公众随时随地可以浏览、查阅生态环境状况，能随时为生态环境建设和环境问题献言献策。②环保宣传教育，让公众参与保护新安江的志愿服务，帮助其树立保护环境的意识和采取切实有效的保护环境行为。比如开展"同饮一江水•共护母亲河"志愿者服务活动，举行志愿者文明劝导巡回演出、禁磷专项整治、皖浙两省联合打捞、志愿植树、捡拾垃圾、万人河道清理等活动。③制订环保村规，提升村民环保自觉性。黄山市各乡（镇）结合村庄实际存在的与新安江生态补偿水环境保护相关的问题，在广泛协商的基础上制订出适宜本村的村规民约，形成由全体村民共同遵守的民间社会规范。这些村规民约既朗朗上口、适合口耳相传，传播程度高，而且接受程度高，有利于村民转变传统的生活和生产方式，参与流域水环境的保护行动。

新安江生态补偿主要采取项目的形式，能够准确定位项目责任人，并且项目管理严格，对所有的试点项目实行纪检监察部门监督检查和竣工验收工程审计。安徽省也改变了对黄山市的政绩考核指标，把黄山市单独列为四类市[①]，加大对生态环保、现代服务业等的考核权重。黄山建立了市、县、乡（镇）、村 4 级河长制组织体系，这样的行政问责分级规则能够有效地追究当事官员的责任。以上信息同样也受到公众监督，公开渠道明确，有助于在实现其他评价目标的同时，达成增强责任的目的。

共同参与以信息公开推进公众参与保护新安江，以有效的问责机制落实新安江环境保护责任，为流域生态补偿的可持续性打下重要基础。

第四节 规则评价：效率、公平、
问责制与适应性判断

根据新安江生态补偿的实施效果，结合第六章的分析和 IAD 框架评估准则中的效率、公平、问责制、适应性等标准[②]，对其应用规则体系进行评价。

一、规则体系的效率

衡量流域生态补偿效率的指标一般有两个，一是额外性，二是成本有效性。在一定的预算约束下，增加尽可能多的额外性，即增加每支付单位的最大生态系统服务（柳荻 等，2018）。

从这个角度考察，选择规则在成本有效性的约束下有效地建立了以提高水质为目标的行动层次，比较全面地覆盖了增加流域生态系统服务供给的各类行动。黄山市在交易成本和信息透明度之间权衡后，选择利用权威媒体平台及时发布工作进展，公开流域环境指标、项目建设的财政报告、建设内容、责任单位、管护单位等信息。这类信息规则既重视了信息交流，也没有投入过多的成本。但较为遗憾的是，并没有发现新安江项目的经济价值范围规则，黄山市

---

① 安徽省 16 个省辖市被分为 4 类：一类市为合肥市、马鞍山市、芜湖市、铜陵市；二类市为淮北市、蚌埠市、淮南市、滁州市、宣城市、池州市、安庆市；三类市为亳州市、宿州市、阜阳市、六安市；四类市为黄山市。

② 评估标准包括经济效率、融资均衡达成的公平、再分配的公平、问责制、与普遍的道德的一致、适应性。具体见本书第二章第二节中关于 IAD 框架评估准则的解释。6 项评估标准并不能评估每类规则，而且评估标准之间有的不能兼顾，例如效率和再分配。因此没有列举每项评估标准的结果。此外，道德和文化等社会基础问题不属于本书的研究层次，因此表中也没有列出"与普遍的道德的一致"这项评估标准。

"倾其所有"的投入是不计后果的，既没有估算投入会带来多少收益，也没考虑投资的项目能否带来现金流或持续的生态系统服务，因此新安江生态补偿格外需要中央政府政治上的肯定。因此，范围规则应当更加重视项目预算，因为项目预算是生态补偿的经济价值范围，通过投入这些预算得到多大的收益是每个生态补偿项目应当考虑的。只有投入的成本能够带来现金流，生态补偿项目才有可能持续进行下去。在经济效率方面偿付规则也需要改进，新安江生态补偿投入了远高于补偿金额的资金（截至 2018 年，累计投资近 638 亿元，获得的补偿是 39.5 亿元），虽然已经对偿付规则进行了创新，引导社会资本加大生态投入，创新资金筹措机制，但是投入成本依旧高于经济收益。

二、规则体系的公平

规则的公平有两重含义，一是从生态系统服务中受益的人群应当承担该受益的成本，即融资均衡达成的公平；二是对较为贫困的人群进行再分配的公平。满足两者其一的规则即是公平的。

边界规则重视再分配的公平，明确让贫困人群进入生态补偿内，在一些参与者的选择上有意识地让贫困者承担工作并对其支付工资。根据新安江流域生态建设保护局的数据来看，已解决 2 790 多名农村人口就业。2017 年度黄山市安排财政补助 150 万元，涉及贫困户 486 户。偿付规则通过融资均衡达成了公平的另一项评估标准，因为从新安江生态补偿获益的人群付出了应该承担该获益的经费。使用者付出补偿资金，得到了上游的良好水质；提供者牺牲了经济发展（据统计黄山市关停污染企业 170 多家，否定外来投资规模达 160 亿元），得到了社会效益（入选全国十大改革案例）和制度效益（试点工作上升为国家级试点）。但是，聚合规则没有让当地居民参与决策，他们的声音被忽略，也没有享受到他们的付出带来的收益，因此聚合规则在融资均衡达成的公平这项评估标准里的表现是不足的。如何让村民参与决策，以什么样的形式参与是下一步应当考虑的。

三、规则体系的问责制

问责制代表着行动是否有明确的责任人。职位规则的功能之一是创造监督，新安江生态补偿中提供者和使用者都参与监督，不仅有利于建立以双方普遍认同为基础的长期信任，而且能提高生态补偿项目的可持续性。此外，有的学者担心一旦面临严重的突发性跨界污染，没有威权体制约束的合作双方就会耗时耗力重新谈判（范永茂 等，2016）。在该案例中，中央政府的定位有效解决了此类约束力不足的问题。中央政府兼职使用者，可以很好地提供激励与约束并存的合同机制，既能激励利益相关者进入生态补偿，也能约束提供者的道德风险。另外，选择规则通过项目的形式准确定位项目责任人，并且项目管理严格，对所有的试点项目实行纪检监察部门监督检查和竣工验收工程审计。偿付规则通过改变政绩考核指标、河长制的行政问责分级规则能够有效地追究当事官员的责任。而这些规则的信息都在信息规则中得到披露，公开渠道明确，相关信息的有效聚集有助于在实现其他评价目标的同时，达成增强责任的目的。

四、规则体系的适应性

一个生态补偿的制度安排应当能适应不断变化的环境，提高项目的可持续性。在职位规则中，提供者和使用者之间有交流平台并且交流频繁，能够适应不断变化的环境，应对可能出现的问题。范围规则中，专为新安江生态补偿设立管理机构，流域区域和行政区域一体化管理，满足适应性的要求。选择规则针对新安江流域不同的区域有不同的行动重点，能够适应特定区域的具体要求。聚合规则中，村庄结合自身情况制订与流域保护相关的乡约，也有良好的适应性。

综上所述，如表 7-11 所示，符合效率的规则有选择规则和信息规则，它们能够在成本有效性的约束下增加新安江流域的生态系统服务，选择合理的方式披露信息。达到公平的规则有偿付规则和边界规则，它们重视贫困人群，得到的收益都付出了应该付出的成本。职位规则、选择规则、信息规则和偿付规则均满足问责的要求，它们指导的行为都有可以追责的主体。职位规则、选择规则、聚合规则和范围规则都表现出良好的适应性，能够因地制宜制订相关规则。不过，聚合规则、范围规则和偿付规则仍存在一些不足。聚合规则需要更多考虑基层的意见，偿付规则和范围规则应当更多考虑经济效率。

表 7-11　新安江生态补偿的规则评价

规则名称	效率	公平	问责	适应
职位规则	—	—	○	○
边界规则	—	○	—	—
选择规则	○	—	○	○
聚合规则	—	⊗	—	○
范围规则	⊗	—	—	○
信息规则	○	—	○	—
偿付规则	⊗	○	○	—

注：○表示用针对该项评估标准，在当前制度环境下能够达到预期效果。⊗表示某类规则在该项评估标准下还需要改进。—表示该项评估标准不适合评价某类规则。

第五节　本章小结

如何评估流域生态补偿制度绩效是本章研究的科学问题。由于流域是一个关于生态、经济、社会的复合概念，对其绩效的评估也需要从生态、经济和社会多维度进行探讨。流域生态补偿制度对一个流域的影响不仅包括改变流域生态环境和水资源利用方式，还伴随着流域经济发展、社会发展的平衡和可持续，以及其他社会效应，如减贫效应等。因此，本章从人类活动净氮输入、项目资金使用效率和应用规则体系 3 个方面评估新安江流域生态补偿的制度绩效。

从生态效益角度来看，新安江生态补偿通过一系列的项目设计改变流域地区人类活动行为，达到控制氮污染的目的。2008—2017 年，新安江流域（黄山市境内）的 NANI 总体上呈下降趋势。第一，从全市范围来看，NANI 的数值先升后降，大幅度下降的时期发生 2012 年以后，也就是流域生态补偿实施的期间；第二，从各个地区来看，下降明显的区域有屯溪区、歙县，它们由净氮输入地区变为净氮输出地区的时间拐点分别是第二阶段新安江生态补偿时期和第一阶段新安江生态补偿时期。NANI 的高值区集中在歙县和屯溪区，也就是新安江流域的下游地区。除歙县外，黄山市境内其他 6 个区（县）的 NANI 10 年平均值均为负，意味着新安江流域（黄山市境内）人类活动产生的氮是从该地区输出到其他地区的，是净氮输出的区域。因此从 NANI 数值这一指标来看，新安江生态补偿确实有效减少了河流的氮素输入。

从经济效率角度来看，新安江生态补偿项目资金使用效率并不高。按照相应的环境目标将项目的资金分为：综合治理资金、面源污染整治资金和畜禽养殖整治资金，考察这 3 个方面的项目资金投入是否有效产出了人类活动净氮输出和农民纯收入。在 2010—2017 年两轮生态补偿期间，新安江生态补偿项目的资金使用效率平均值是 0.373 4，大部分乡（镇）没有达到效率 1，处于低效率状态。效率为 1 的乡（镇）占全部乡（镇）的总数不到 20%。其中，黄山区补偿资金利用效率最高，祁门县排名第二，黟县和歙县在最后两名，较多区（县）的生态补偿项目资金利用效率较低，投入和产出都有可以改进的空间。考虑到计算效率时选择的产出指标不足以完全反应项目资金的使用、SBM 模型对有效要求更加严格、实际项目的建设和发挥作用存在滞后性等原因，新安江生态补偿项目资金使用效率可能被低估。

从应用规则角度来看，新安江生态补偿中职位规则、边界规则、选择规则、信息规则和偿付规则在当前客观条件约束下能够达到预期效果，可以认为它们在某项评估标准中具有较好的表现。不过，聚合规则和范围规则仍存在一些不足。具体而言,职位规则创造了有效监督,行动有明确的责任人,而且提供了参与者之间的交流渠道,面对不断变化的环境可以尽快适应。边界规则重视再分配的公平,明确让贫困人群进入生态补偿内。选择规则有效地建立了多层次的行动,准确定位到项目责任人,依据特定区域的具体要求安排不同的项目。聚合规则中鼓励村庄结合自身情况制订与流域保护相关的乡约,但当地居民没有参与生态补偿决策的渠道。范围规则没有重视生态补偿的经济价值范围,但专为新安江生态补偿设立了新安江生态建设保护局以满足流域区域和行政区域一体化的适应性要求。信息公开渠道明确,能够有效聚集相关信息有助于达成增强责任的目的。虽然项目的资金使用效率并不高,但偿付规则使得从新安江生态补偿获益的参与者都付出了应该承担的相应成本,并且偿付规则创造了分级惩罚规则,能够有效追责。

结合 3 个维度的评价,流域生态补偿规则建立和运行之后首先要达成流域生态补偿的预期目标,其次应适应流域经济社会发展的平衡和可持续。因此,本章从规则运行结果能否满足预期目标以及运行结果能否可持续的角度评估了新安江生态补偿的规则运行结果,如图 7-7 所示。

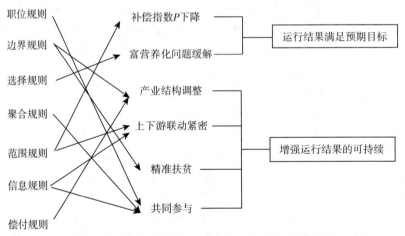

图 7-7　新安江生态补偿规则的运行结果与可持续性

从新安江生态补偿项目预期目标的实现角度来看,范围规则和选择规则帮助新安江既达成了补偿指数的要求,也缓解了富营养化问题。首先,补偿指数 P 在两轮生态补偿试点期间(2012—2017 年)均达到补偿要求,并且在统一计算口径之后发现,补偿指数 P 总体上呈下降趋势,说明新安江流域水质不但达到了补偿要求,而且得到了进一步的提高。其次,除了补偿指数 P,预期目标中还包含了减缓下游千岛湖富营养化问题,从 NANI 数值这一指标来看,新安江生态补偿确实有效减少了河流的氮素输入,缓解了下游富营养化压力。

从规则运行结果能否持续的角度来看，边界规则和偿付规则倒逼黄山市升级产业结构，在流域生态补偿期间完成了由"二三一"向"三二一"的转变，并且通过环境政策促进产业转型，实现工业经济生态化。信息规则和范围规则增加了上下游联动，随着黄山加入杭州都市圈，上下游在生态、经济上的联动更加紧密，为重要流域生态资源的可持续利用提供了制度保障。边界规则助力精准扶贫。职位规则、聚合规则和信息规则促进共同参与，让多主体参与流域生态补偿，都反映出该项目能够适应不断变化的环境。这些规则为流域生态补偿的可持续性打下坚实的基础。

建立新安江流域生态补偿的本质是为了推动上下游地区资源共享、生态共保、经济共赢，应兼顾生态系统服务价值的有效和社会经济发展的公平，对一个流域生态补偿进行科学的评价。

研究结论、建议与展望

　　流域治理是个难题。为了解决这个问题，中国政府一直在探索、尝试。从排污权交易、水权交易到流域生态补偿，走出了一条流域生态资源经济化的道路。其中，流域生态补偿是区域间将流域生态系统服务转化为生态资本的重要方式，流域流经的区域政府也越来越关注流域生态补偿制度。但是，从建立到运行再到绩效评估，流域生态补偿制度都面临着一些亟待解决的难题。突破流域生态补偿制度的困境，是流域生态补偿机制走向多样化、市场化必须要解决的问题。但是，正如奥斯特罗姆所言："我想，说明长期存续的制度的必要与充分条件是不可能的，因为它是那些使制度得以运作的人的意志的体现。不存在一套逻辑前提确保不同类型的个人愿意并且能够使具有这样前提的制度得以运作。"（奥斯特罗姆，2000）。

第一节　研究结论

　　建立健全流域生态补偿制度是我国生态文明制度建设的重要内容，其中由政府主导的庇古型流域生态补偿实践已经取得明显进展。当前学界针对生态补偿的研究主要为流域生态补偿的各个要素，而对整个流域生态补偿制度所面临的困境的关注相对较少。基于此，本书将研究重点聚焦于流域生态补偿制度的建立、运行和绩效。根据前七章的研究内容，主要形成了以下研究结论，并进一步思考未来的研究方向。

一、流域生态补偿规则的建立模式取决于生态系统服务提供者和购买者面临的成本

　　流域生态补偿制度的建立目标是协调好上下游的利益关系，解决上下游的利益冲突。流域生态补偿利益关系十分复杂，表现为付费者和提供者之间地位和行动体现的利益分配关系、信息和支付体现的利益获取关系以及控制和潜在结果体现的利益保障关系。对生态补偿利益冲突进一步研究发现，行

动边界模糊和地位不平等将无法提供可持续的激励和长期有效的监管，会导致利益分配失衡；信息不对称和支付不匹配容易造成提供者利用信息优势骗取信息租金，导致利益获取不当；控制水平过于集中和潜在结果难以度量使得提供者因无法保障自身利益而采取投机行为以规避损失，导致利益保障困难。在自然状态下的流域生态系统服务提供者和购买者之间的博弈过程中，提供者的额外收益和成本、购买者的成本是影响系统演化稳定策略的重要因素。当额外收益大于成本的时候，会有越来越多的提供者选择提供生态系统服务。但现实中这种条件很难出现，难以通过调节自身变量来实现社会最优稳定策略（提供，购买）。所以在自然状态下，流域上下游很难建立生态补偿。

在加入两种激励—约束机制——上级政府的激励—约束机制和上下游之间的激励—约束机制之后，流域生态系统服务的提供者和购买者的演化稳定策略受提供者的额外收益和成本、购买者的成本、上级政府的激励—约束机制和基于水质的相互约束机制等变量影响，同时也受提供者和购买者选择（提供，购买）策略的初始状态影响。当提供者和购买者实施流域生态补偿成本较低的时候，上级政府的约束机制更有利于提供者和购买者向社会最优策略（提供，购买）演化。在该情境下，提供者比购买者对变量的变动更加敏感，其中提供者成本的变动对提供者选择提供的概率影响最高，上级政府约束的变动对购买者选择策略的影响最高；当提供者和购买者实施流域生态补偿成本较高时，基于水质的约束机制可能比上级政府约束机制更有效。此时通过增加流域生态补偿产生的额外效益、加大对提供者的激励力度、增加生态系统服务达标的概率等方式都可以提高提供者和购买者选择（提供，购买）策略的可能性。而且流域生态系统服务的购买者会对变量的变动作出比提供者更积极的响应。

当流域生态补偿的实施成本较低时，上级政府可以通过增加激励促使提供者和购买者采取（提供，保护）的社会最优策略，并且购买者会更加积极地应对上级政府约束的变化，此时可以考虑加大对购买者的约束强度。当实施成本较高的时候，会出现上级政府难以约束的情况，那么需要鼓励提供者和购买者建立基于生态系统服务标准的约束体系，完善对提供者的技术支持，帮助其达到生态系统服务标准，并加大对提供者的经济激励，那么流域生态补偿的演化路径就更可能朝着（提供，购买）方向演化。

二、流域生态补偿实施依赖于完整的规则体系及其相互间的配合

新中国成立成至今，中国流域生态补偿的规则经历了"从无到有"到

"从有到优"的建立和完善过程，形成了由国家《宪法》《水法》《环境保护法》《水污染防治法》等法律组成的宪法选择层次，由行政规范性文件、部门规章等行政文件组成的集体选择层次，以及由地方实践方案、协议等组成的操作层次。顶层规则的设计奠定了流域生态补偿的实践基础，在流域资源的产权、流域管理和流域系统服务的有偿使用等方面均有体现。与此同时，流域生态补偿的实践促进了顶层设计的完善，流域生态补偿的要素在实践中发现问题又在政策改革中提出可能的解决方案。流域生态补偿的应用规则体系构成了协调不同生态补偿参与者之间利益分配关系、利益获取关系和利益保障关系的现实机制，为规定补偿主体、增加生态系统服务额外性、界定生态补偿的条件、调节利益分配以及与其他社会目标相适应的行为等提供了普遍遵循，为解决流域生态补偿中存在的一般性问题提供了方向。

构建针对流域生态补偿的特定规则体系时，发现职位规则需要创造生态系统服务的提供者（卖方）、购买者（买方）、中介或促进者、监督者、知识或技术支持者等职位；边界规则需要确定使用哪些进入和退出的标准来要求参与者；针对不同职位的行动者需分别制订不同的选择规则，流域生态系统服务多是通过限制土地用途来提供，应重视选择规则的层次性和规则阐述的简单性；聚合规则鼓励当地居民更多地参与决策，应适当分配决策权利给当地的管理机构，也可以通过多个利益相关方组成董事会或类似结构的决策机制；范围规则应当挑选可靠的生物多样性和生态系统服务的代理指标，设立的流域管理机构尽量和流域的地理范围匹配，重视补偿预算；信息规则要求把有关生态系统服务的信息纳入生态补偿的决策和政策措施中，澄清生态补偿的目的，提高生态系统服务的可见度，提高参与者之间的沟通效率；偿付规则规定以经济导向为主，避免一刀切，同时采取分级制裁规则。

新安江生态补偿作为我国第一个跨区域的上下游横向生态补偿，建立了一套较为完整的应用规则体系。首先，该规则体系包括 IAD 框架中提到的 7 类规则，其次，每类规则都有不同程度的完整性，为建立可复制、可推广的生态补偿制度构建了良好规则模板。新安江实践表明，职位规则、边界规则、选择规则、偿付规则是规则体系中的主要部分，聚合规则、范围规则、信息规则予以辅助。具体来说，位置规则明晰补偿主体和责任，边界规则选择参与者标准，选择规则规定多层次的行动集合，偿付规则创新补偿渠道和分级制裁，这些是跨区域流域生态补偿机制建立的基石；信息规则确定可用完整的信息，聚合规则适当放权于当地居民，范围规则建立与流域匹配的管理机构，这些是提高流域生态补偿持续性的重要因素。

三、应从多个维度评价流域生态补偿运行结果，且结果需满足预期目标并具有可持续性

流域生态补偿的运行结果不仅应当满足项目的预期目标，还应具有长期向好的能力，能够可持续地运行下去，这也是规则设计追求的结果。新安江生态补偿作为我国首个上下游跨省的流域补偿试点，已经进行了两轮补偿并正在进行第三轮，是典型代表。分析该案例中第一轮和第二轮流域生态补偿实施规则的运行结果有以下结论。

第一，新安江生态补偿项目达到了预期目标。该流域的水质不但达到了补偿要求，而且持续提高。新安江生态补偿通过改变流域地区人类活动，达到控制氮污染的目的，有效减少了河流的氮素输入，缓解了千岛湖富营养化的问题。新安江生态补偿的规则设计一方面通过建立污染治理项目、水质提升项目有效提升了水质，另一方面保证了这些项目的资金来源。

第二，新安江生态补偿改变了地区的发展模式，增加了上下游之间的联动，实现了精准扶贫以及多主体共同参与，为流域生态补偿的可持续性打下坚实的基础，但是资金使用效率较低。综合治理、面源污染整治和畜禽养殖整治3个方面的项目资金效率均值为 0.3734，新安江流域的大部分乡（镇）均没有达到效率1，处于低效率状态。其中，黄山区项目资金利用效率最高，祁门县排名第二，黟县和歙县在最后两名，较多区（县）的生态补偿项目资金投入和环境及经济产出都有改进空间。新安江流域补偿通过边界规则和偿付规则的设计倒逼黄山市升级产业结构，促进产业转型，实现工业经济生态化。信息规则和范围规则的设计促进了上下游联动，使上下游在生态、经济、社会上的联动更加紧密，为重要流域生态资源的可持续利用提供了制度保障。边界规则助力精准扶贫。职位规则、聚合规则和信息规则促进共同参与，让多主体参与流域生态补偿，都反映出该项目能够适应不断变化的环境。这些规则为新安江流域生态补偿运行结果长期向好提供了制度保障。

第三，新安江生态补偿的应用规则体系完整且表现良好。该项目的职位规则、边界规则、选择规则、信息规则和偿付规则均产生了较好的结果。不过，聚合规则和范围规则仍存在一些不足。具体而言，职位规则创造了有效监督，行动有明确的责任人，而且提供了参与者之间的交流渠道，面对不断变化的环境可以尽快适应。边界规则重视再分配的公平，明确让贫困人群进入生态补偿内。选择规则有效地建立了多层次的行动，准确定位到项目责任人，依据特定区域的具体要求安排不同的项目。聚合规则中鼓励村庄结合自身情况制订与流域保护相关的乡约，但当地居民没有参与生态补偿决策的渠

道。范围规则没有重视生态补偿的经济价值范围，但专为新安江生态补偿设立了新安江生态建设保护局以满足流域区域和行政区域一体化的适应性要求。信息公开渠道明确，能够有效聚集相关信息有助于达成增强责任的目的。虽然项目的资金使用效率并不高，但偿付规则使得从新安江生态补偿获益的参与者都付出了应该承担的相应成本，并且偿付规则创造了分级惩罚规则，能够有效追责。

第二节 走出流域生态补偿制度困境的路径选择：对规则设计的建议

奥斯特罗姆的研究表明，只要满足某些条件，人们就能可持续地管理他们拥有的共同资源，避免过度使用的悲剧（Wilson et al.，2013）。奥斯特罗姆将这些条件总结为"八条原则"①，正好能够对应本书所采用的 IAD 框架规则体系。对于流域生态补偿而言，制度的优化最终也要回到规则的设计上。这些规则为解决生态补偿研究的 3 个基本问题，即谁补谁、补多少、如何补（毛显强 等，2002），提供了可行思路和方案。职位规则能够说明"谁补谁"，偿付规则体现了"补多少"，其他规则搭建了一个"如何补"的框架，因此，需要不断地改善流域生态补偿制度，使流域生态补偿朝着更有效率、更可持续的方向发展。

流域生态补偿规则设计的主要目标是形成主体多元化和运行多向化的格局。主体不再是单一的政府，各私人部门和社会组织也承担治理责任。流域生态补偿是各主体间良性互动的过程，运行呈多向性。应发挥和依靠政府、市场、公众和社会团体等力量共同治理流域的公共事务，促进流域整体利益最大化。基于多中心治理的主体多元化，强调中央政府不应作为流域生态补偿制度唯一的权力中心，而应允许并鼓励由地方政府、市场、社会组织等组成多个治理中心，形成多中心既信任合作也相互监督的局面。而且，可以利用各个治理主体的优势和资源，共同解决流域生态环境问题。更重要的是，各个治理主体具有平等性，主体之间通过平等协商和合作建立流域生态补偿。运行多向化是将运行的权力变成一股权力束，将流域生态补偿中的权力变为由决策权、监督权和执行权组成的权力结构，明晰和加深各项权力主体之间的关系。流域生态补偿规则的运行既是一个中央、地方政府之间的上下运行过程，也是地方政府和流域管理部门之间的内外交流过程，更是政府与公众之间的平等互动过程，

---

① 八条原则简单概括为：用户和资源的边界、与当地条件一致的收益和成本分配机制、集体选择安排、监督者及其对资源的监控、分级制裁、冲突解决机制、对地方用户权利的认可、嵌套管理。

如图 8-1 所示。

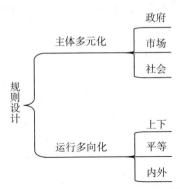

图 8-1　流域生态补偿规则的优化设计

　　对流域生态补偿制度的优化最终要回到规则设计上。正是由于流域生态补偿的应用规则可以优化，才能不断地改善流域生态补偿制度，朝着更有效率、更可持续的方向发展。

一、创立利于基层参与的聚合规则，形成促进信息交流的信息规则

　　创立利于基层参与的聚合规则，形成促进信息交流的信息规则可以降低建立流域生态补偿的成本。在大多数流域生态补偿案例中，政府通常拥有决定性的权利。聚合规则需要确保本地居民积极参与流域资源的规划和管理，这能够有效提高生态补偿效率。一方面，集体管理需要社会的参与和组织，采用集体决策的方式讨论和决定生态补偿的具体内容，能够提高当地居民的参与度。另一方面，当地居民参与决策是公平的体现，被视为对当地居民的一种正式承认。最理想的情况是受到影响的各方都有机会参与决策并影响结果。如何结合当地实际情况来激励当地居民投入流域生态补偿，而非行政施压，是值得每个流域生态补偿项目深思的内容。由于上下游对利益的诉求不一致，流域政府通过定期召开生态补偿联席会议，实现领导人制度化互访，进而增强合作的动力。信息交流能够促进双方建立互相信任的基础，从而降低签订合同和维持合同的成本。

　　在实践中，可以在流域地区创建专门的村民小组议事会，就流域生态补偿建立的相关事务公开讨论、发表意见，约请相关职能部门工作人员列席，收集意见并协商交流；可以创办相关论坛，尽可能扩大流域生态补偿的社会影响力，在流域流经城市的政府工作人员、专家学者、企业家中建立长效的信息交流关系，充分听取社会各界的意见。

二、创造责任共担的多元职位，建立市场化的边界规则和偿付规则

创造责任共担的多元职位，建立市场化的边界规则和偿付规则能够促进流域生态补偿有效实施。职位规则是规则体系的基石，每个流域生态补偿都需要明确涉及的利益相关者，建立相关者之间的沟通平台。仅有提供者和购买者很难成功，需要中介者、监督者和其他非政府组织参与，以促进合作、协调关系。其中，中央政府是不可或缺的重要职位，尤其在参与者较多的时候，中央政府作为中介者可以帮助谈判，必要的时候施加一些政治压力，一旦谈判平台建立，双方达成共识，此后的生态补偿制度的建立就会相对容易。但是中介者并不一定是中央政府。在一些国外的流域生态补偿案例中（Lurie et al.，2013），中介者的职位由非政府组织承担。虽然中国非政府组织还不发达，实现将生态补偿寄托于非政府组织的愿景可能还需要很久，但是中央政府对流域生态补偿的作用正在有意识地减弱，并逐渐赋权给地方政府，期待着地方政府可以自己处理、解决好生态补偿的矛盾。可以猜测，会出现越来越多市场手段，新安江绿色发展基金和新安江绿色发展有限公司的出现就是一个信号。随着生态补偿机制在中国逐渐成熟，地方政府也会逐渐退出生态补偿机制，扮演着一个中介者或监测者的角色，而提供者和购买者的职位将交由市场决定。借助市场的力量，边界规则可以选择更适合的参与者参与流域生态补偿。因为通常情况下生态系统服务的提供者比购买者更了解生成生态系统服务的成本，采用市场化的方式（如合同拍卖或招标）可以更好地估计真实成本，激励投标人减少寻租并提交更接近其真实服务成本的投标，用此方式选择的参与者既有进入意愿也有进入能力。不过，这会带来大量的交易成本，并非每个流域生态补偿都有时间和精力用市场化的方法选择参与者，需要根据实际情况进行取舍。由于一个生态补偿项目的投入是巨大的，多数补偿项目面临的普遍问题是资金不足。偿付规则需要深度创新，创新方法之一就是积极探索生态系统服务的价格机制，在市场中把生态系统服务这一"产品"明确定价，比如国外已经实践过的分层和捆绑的偿付规则。分层指的是在同一个系统中为不同的生态系统服务分别进行支付（Motallebi et al.，2018）。捆绑是指将多个生态系统服务"打包"，供多个购买者购买（Reed et al.，2017）。这些创新的偿付规则不仅能够体现"谁使用谁支付"的一般偿付规则，而且可以多元化资金来源。

在实践中，可以强化流域环境保护协调联席会议制度，将联席会议常态化、频繁化，会议的具体内容根据流域情况变化做动态调整；可以成立流域水信用基金，利益相关者（包括政府、信托基金等公司，以及由多个利益相关者

组成的基金理事会）共同承担管理流域的责任；可以通过政策支持、技术帮扶等措施，引导金融机构创新绿色信贷产品，降低准入门槛，简化审批程序，扩大信贷规模；可以开发以特定的流域生态系统服务为标的物的绿色证券、绿色国债等金融产品，吸引更多的社会资金进入生态补偿，并将投入资金转为生态产品。

三、打造多层次的选择规则，制订多考核指标的范围规则

打造多层次的选择规则，制订多考核指标的范围规则可以保障流域生态补偿运行达到预期结果。生态系统服务是关联的，因此选择规则需要表现出层次结构。以水质为例，提高水质的基础行动是激励提供者保护水质的行为和约束提供者污染水源的行为，之后需要改善污水处理站等基础设施，最后可以通过增加生物多样性等方式提高流域的自净能力。针对特定流域去组合选择规则是一项复杂的挑战，需要在整个流域生态补偿实施的过程中不断增补。随着流域生态补偿的实践不断增多，了解和预测实施效果变得越来越重要。范围规则需要考虑使用哪些生物多样性和生态系统服务的代理指标，流域生态补偿结果的评价高度依赖于这些指标，尤其是生物—物理指标的有效测量。单指标考核虽然简单易行，但随着生态补偿的深入，应当在决策和政策措施中更多地纳入生态系统服务的相关信息——流域的水质基线、流量、资源密度和变化等。

在实践中，可以把产业帮扶、人才支持、专业技能培训等政策、技术和智力补偿方式纳入流域生态补偿，形成能够发展流域生态产业的合力；可以运用大数据技术健全生态系统服务指标量化和生态环境监测制度，强化流域生态补偿项目的资金用途与流域生态系统服务产出状况的考核机制。

综上，建立完整的规则体系对于推动流域生态补偿制度市场化、多元化具有重要意义。从规则的角度，创立有利于基层参与的聚合规则，形成促进信息交流的信息规则可以降低建立流域生态补偿制度的成本；创造责任共担的多元职位，建立市场化的边界规则和偿付规则能够促进流域生态补偿有效实施；打造多层次的选择规则，制订多考核指标的范围规则可以保障流域生态补偿运行达到预期结果，将有利于流域生态补偿制度在更大范围、更广领域实现成功应用，为建立可复制、可推广的流域生态补偿构建了制度安排。

第三节　研究展望

流域生态补偿制度一直在变动，现阶段还不存在一个可以囊括全部要素的

完美分析框架。本书的研究所做的工作，是对流域生态补偿蓝图进行的增色修补，以冀对完整和完善这张图纸有所贡献，因此，有待进一步研究的问题还很多，择其要者提出 3 点值得未来研究的方向。

第一，应用与完善理论分析框架。本书构建的理论分析框架不仅可以用于流域生态补偿，还可以用于其他自然资源与环境领域的研究。未来可以尝试把该框架用于探究耕地生态补偿、林地生态补偿等其他生态领域。随着研究领域和研究对象的变化，期待能发现完善和发展现有的理论分析框架的机会。

第二，学习流域生态系统服务的核算技术。生态系统服务的核算对补偿标准十分重要，基于生态系统服务的补偿和基于机会成本的补偿都存在一定的合理性和局限性，如何通过两者的有机结合以明确流域生态补偿的标准，是未来重要的研究方向和充满挑战的领域。

第三，补充流域生态补偿案例的实证研究。截至 2019 年底，我国大多数跨省流域生态补偿实施时间不足 3 年，大部分项目的流域生态补偿制度效应并未有效产生，研究制度运行、绩效评价等相关问题需要通过长期观察追踪，调研得到相关数据，再对不同流域生态补偿制度之间的差异和实施结果加以对比，进行下一步的深入研究。

附录

附录 A

根据 NANI 的含义和组成部分得到它的计算公式：

$$N = N_{fert} + N_{fix} + N_{depo} + N_{ffi}$$
$$= N_{fert} + N_{fix} + N_{depo} + N_{hc} + N_{ic} - N_{hp} - N_{lp}$$

$$(A-1)$$

式中，N 表示人类活动净氮输入，N_{fert} 表示氮肥施用量，N_{fix} 表示作物固氮量，N_{depo} 表示大气氮沉降量，N_{ffi} 表示食品/饲料氮净输入量，N_{hc} 和 N_{lc} 分别为人类和畜禽氮消费量，N_{hp} 和 N_{lp} 表示动物产品中供人类食用的含氮量和作物产品的含氮量。

式（A-1）所需数据均来自 2009—2018 年安徽省统计年鉴、黄山市统计年鉴和相关期刊文献，个别年份缺失的数据采用线性插值法补全，具体见表 A-1。以下各项数据的单位均为：千克/（千米²·年）。

表 A-1 用于计算新安江流域人类活动净氮输入量的数据来源

组成		具体指标	数据来源
氮肥施用量		氮肥（折纯量）和复合肥施用量	安徽省、黄山市各年统计年鉴
		复合肥换算氮含量的系数	韩云芳 等，2015
作物固氮量		大豆、花生、稻谷的种植面积	安徽省、黄山市各年统计年鉴
		三种作物单位种植面积固氮速率	陈飞，2016
大气氮沉降量		硝态氮	Han et al.，2014；Xu et al.，2018
食品/饲料氮净输入量	人类食品氮消费量	城镇人口、乡村人口	安徽省、黄山市各年统计年鉴
		城镇和乡村各自人均氮消费量	周琳 等，2016
	畜禽饲料氮消费量	畜禽养殖数量	安徽省、黄山市各年统计年鉴
		单位畜禽氮消耗量	Han et al.，2014
	动物产品含氮量	畜禽养殖数量、其他畜牧产品产量	安徽省、黄山市各年统计年鉴
		单位动物产品产量的含氮量	Han et al.，2014；王光亚，1992
	作物产品含氮量	主要18种作物产量	安徽省、黄山市各年统计年鉴
		单位作物产量的含氮量	王光亚，1992；靳平 等，2015；纵伟，2015

1. 氮肥施用量

计算 NANI 时仅考虑化学肥料的氮输入，因为有机肥主要来源于区域内部，并不带入新的氮源输入。我国农业生产上含氮化学肥料主要包括两大类：氮肥和复合肥。氮肥中的含氮量直接采用各地年鉴中的氮肥折纯量，复合肥中的含氮量采用统计年鉴的复合肥施用量和复合肥的含氮量系数进行换算，其中，复合肥的含氮量系数采用韩云芳等（2015）针对安徽省农用地的研究的数据：该地区复合肥含氮量约为 18.5%。

2. 作物固氮量

农作物可通过生物固氮作用将空气中的氮固定在体内，因此固氮作物的大面积种植会使得作物固氮成为输入区域的重要氮源。考虑到黄山市种植的主要固氮作物有大豆、花生和稻谷，这三种作物的固氮速率分别为 9 600 千克/（千米^2·年）、8 000 千克/（千米^2·年）和 3 000 千克/（千米^2·年）（陈飞，2016），结合有关作物的种植面积可以计算作物固氮量。

3. 大气氮沉降量

大气氮沉降是指大气中的氮元素以氨氮和氮氧化物的形式降落，以降尘方式降落被称为大气氮干沉降，以降雨方式降落被称为大气氮湿沉降。由于化学氮肥的施用、燃料的施用和畜禽养殖规模扩大，活性氮产量显著增加（遆超普等，2010），这使得中国继北美洲、欧洲之后成为全球新的氮沉降集中区（顾峰雪 等，2016）。

在 NANI 计算模型中，仅考虑氮氧化物形态的氮干湿沉降量，因为氨氮主要来自化肥、有机肥等肥料的挥发，并不是新的氮源，而且它们在大气中存留的时间较短，一般会重新沉降到原来的区域（张汪寿 等，2014）。估算区域大气氮沉降量通常需要大量监测站点的数据，较难获取，因此，在 NANI 计算中，大气氮沉降量大多根据之前的研究结果估计得来（Gao et al.，2015；Han et al.，2014；高伟 等，2016）。本书选择 Han 等（2014）估算的 2009年安徽省大气氮沉降数据 2 739 千克/（千米^2·年）为参考，再结合 Xu 等（2018）计算的 2011—2015 年长江流域大气氮沉降平均增长率 36 千克/（千米^2·年），对 2008—2017 年新安江流域大气氮沉降量进行估算。

4. 食品/饲料氮净输入量

人类和畜禽的一生需要大量的食品和饲料，因此需要估算人类食品和畜禽饲料中的氮净输入量。估算思路是用人类和畜禽的氮消费量减去动物产品（供人类食用）的含氮量和作物产品的含氮量，具体见正文第七章中式（7-1）。
如果食品/饲料氮净输入量的结果为正，说明该地区生产的食品和饲料供小于
求，需要从别的地区进口食品和饲料；反之，结果为负则说明该地区生产的食
品和饲料不仅可以满足当地居民和动物的需求还可以出口到其他地区。食品/
饲料中的氮通过食物链的跨地区转移成为流域重要的 NANI 来源。

（1）估算人类氮消费量

人类食物中的氮来源于蛋白质，蛋白质中氮元素含量平均为 16%（王建
林，2005），因此可以通过估算人均蛋白质消费量算出人类氮消费量。随着居
民生活质量的提高，蛋白质的摄入水平也在提高，根据最新一项研究（周琳
等，2016）的结果发现，城镇居民和农村居民蛋白质消费量存在差异，每人每
天分别为 75.4g 和 63.7g，再结合查结祥（2016）对黄山地区 200 户家庭的调
研数据（每人每天平均摄入蛋白质 69.9 克），推测黄山地区城镇居民和农村居
民的蛋白质消费量分别为 75.4 克和 63.7 克。因此将新安江流域内城镇居民的
和农村居民的人口数量分别乘以城镇和乡村各自人均蛋白质消费量，再乘以
16%，可以得到该地区人类氮消费量。

（2）估算动物氮消费量

与人类氮消费量计算思路类似，动物氮消费量可以通过流域内禽畜养殖数
量乘以各自的氮消费量得出。考虑到养殖周期，牛、羊数据选择期末存栏数，
猪、家禽选择期末出栏数（高伟 等，2014）。动物的氮消费量参考 Han 等
（2014）的研究数据，如表 A-2 所示。

（3）估算动物产品（供人类食用）的含氮量

动物产品中供人类食用的部分主要指肉类、牛奶、鸡蛋等禽畜产品。一般
估算方法有两种：第一种是由动物氮消费量减去动物排泄等消耗的氮含量计算
得出，第二种是根据畜禽产品的蛋白质含量计算（高伟 等，2014）。本研究结合
两种方法，对于牛、羊、猪和家禽等供人类食用的动物产品的含氮量测算采取
第一种方法，动物排泄等消耗的氮选择 Han 等（2014）的研究数据；因为黄山
地区盛产蜂蜜且水产品消费较高，所以将这两种产品加入，并采用第二种方式
测算，蛋白质含量的数据来源为王亚光《食物成分表 全国分省值》（1992）中的
安徽合肥地区数据，再乘以 16% 换算为含氮量。具体的数据见表 A-2。

表 A-2 动物的氮消费量和动物产品含氮量 ［千克/（只·年）］

动物种类	氮消费量	排泄率/%	氮排泄量	动物产品含氮量
猪	16.68	69	11.51	5.17
牛	54.82	89	48.79	6.03
羊	6.85	84	5.75	1.1

（续）

动物种类	氮消费量	排泄率/%	氮排泄量	动物产品含氮量
家禽	0.6	65	0.39	0.21
水产品	—	—	—	31.247
蜂蜜	—	—	—	0.66

注：①"家禽"取鸡（0.57）和鸭（0.63）的平均值。②水产品和蜂蜜的单位：克/千克

（4）估算作物产品的含氮量

计算方法是作物的产量与产品的含氮量相乘。统计年鉴中，黄山市主要作物有 18 种，它们各自的蛋白质含量数据来源于王亚光《食物成分表 全国分省值》（1992）中的安徽合肥地区数据以及其他文献资料，蛋白质含量乘以 16% 得到含氮量。具体的数据见表 A-3。

表 A-3　作物产品含氮量（克/千克）

作物种类	含氮量	作物种类	含氮量	作物种类	含氮量
稻谷	13.84	蔬菜	2.565	桃	0.96
小麦	18.08	西瓜	0.96	草莓[a]	1.6
玉米	11.04	桔	1.28	芝麻[a]	29.44
大豆	49.28	梨	0.48	绿茶[a]	54.72
绿豆	32.16	葡萄	0.64	薯类[a]	2.075
花生	19.36	柿子	0.64	油菜籽[b]	44.8

注：[a] 表示数据来自靳平 等（2015），[b] 表示数据来自纵伟（2015），其余未标记的作物含氮量均来自王亚光（1992），为安徽合肥地区相关作物种类的加权平均；"薯类"含氮量是由甘薯含氮量（2g/kg）和马铃薯含氮量（3.2g/kg）按照黄山地区总产量比例（约 15∶1）权重平均得到。

附录 B

1. SBM 模型

关于效率的测算方法起始于经济学家 Farrell（1957），其理论模型是生产前沿面研究的雏形，在此之后，逐渐发展出了两大分支：参数方法和非参数方法。其中，数学包络分析（data envelopment analysis，缩写为 DEA）是一种基于被评价对象间相互比较的非参数分析方法，由 Charnes 等（1978）三人在《欧洲运筹学杂志》发表论文并创立，他们将效率的测度对象作为决策单元（decision making units，缩写为 DMU）并且提出了——也是 DEA 的第一个模型——CCR 模型。CCR 模型假设规模收益不变，与此相对的是，Banker 等（1984）提出了估计规模效率的 DEA 模型，即 BCC 模型。两种模型得出的效率不同，前者为综合技术效率，后者为纯技术效率。

通过 DEA 模型可以评价 DMU 的效率状态，即有效还是无效。有效分为两种情况，强有效和弱有效（成刚，2014）。当 DMU 是强有效的时候，它的生产状态是：①无法减少任何一项投入的数量，除非减少产出或增加另外一种投入的数量；②无法增加任何一项产出的数量，除非增加投入或减少另外一种产出的数量。

当 DMU 是弱有效的时候，意味着：①无法等比例减少投入的数量，除非减少产出的数量；②无法等比例增加产出的数量，除非增加投入的数量。在弱有效的生态状态下，虽然不能等比例增加产出或减少投入，但是某一项或某几项（不是全部）的产出可能增加，某一项或某几项（不是全部）的投入可能减少（成刚，2014）。

CCR 和 BCC 模型均是从径向（投入和产出等比例缩小或放大）和角度（投入或产出角度）两方面测算效率（龙亮军 等，2017），因此，在这类模型中，对无效 DMU 的改进方式为所有投入或产出等比例缩减或增加。但是对于无效 DMU 来说，径向 DEA 模型得出的效率值只包括比例改进的部分，没有松弛改进的部分，得到的有效 DMU 可能是强有效的，也可能是弱有效的。以两种投入一种产出的 CCR 模型为例，在图 B-1 中，假设 $ABCD$ 组成一个生产前沿面，B' 点是一个无效 DMU，当完成比例改进后，B' 点移到前沿上的 B 点，而 B 点处于前沿的强有效部分，不存在松弛问题，所以 B' 点经过比例改进之后即为强有效。E 点也是一个无效 DMU，当它完成比例改进之后移到了 E' 点，E' 处于前沿弱有效部分，所以需要再进行松弛改进，E' 转移到 C 点，此时才是强有效（成刚，2014）。

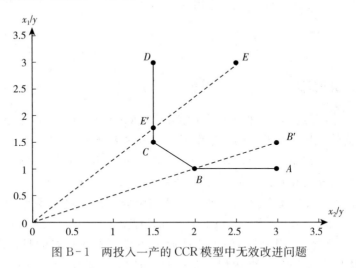

图 B-1　两投入一产的 CCR 模型中无效改进问题

径向 DEA 模型对无效率程度的测量仅包括了所有投入或产出等比例缩小或增加的比例，在效率值的测量里未能体现松弛改进的部分，为了解决这一问题，Tone（2011）提出了 SBM（slack based measure，缩写为 SBM），将松弛变量加入目标函数中，同时还能避免因径向和角度选择不同造成的测量偏差，如式（B-1）所示。

$$\min \rho = \frac{1 - \dfrac{1}{m}\sum_{i=1}^{m}\dfrac{s_i^-}{x_{ik}}}{1 + \dfrac{1}{q}\sum_{r=1}^{q}\dfrac{s_r^+}{y_{rk}}} \qquad (B\text{-}1)$$

式（B-1）中，s^- 和 s^+ 分别为投入和产出的松弛变量，ρ 表示 DMU 的效率值，它同时从投入（X）和产出（Y）两个角度对无效率状况进行测量，投入和产出的无效率分别体现为：$\dfrac{1}{m}\sum_{i=1}^{m}\dfrac{s_i^-}{x_{ik}}$ 和 $\dfrac{1}{q}\sum_{r=1}^{q}\dfrac{s_r^+}{y_{rk}}$。

在 SBM 模型中，如果 ρ 等于 1，说明 DMU 是强有效的，不存在径向模型中弱有效的问题。基于非径向非角度的 SBM 模型计算新安江生态补偿项目资金的使用效率，可以更准确反映生态补偿的环境效率和经济效率。

2. 指标说明

(1) DMU 的数量和研究时期

DEA 对 DMU 数量的要求相对较少，但是 DMU 数量过少会出现大部分甚至全部 DMU 都有效的结果，这会导致 DEA 无法判断效率值。一般来说，DMU 的数量不应少于投入和产出指标数量的乘积，同时不能少于投入和产出指标之和的 3 倍（成刚，2014），即：$n \geqslant \max\{m \times q, 3 \times (m+q)\}$。

由于黄山市共 7 个区（县），相当于只有 7 个 DMU，不符合上述条件，因此把 DMU 定为乡镇，计算乡（镇）的生态补偿项目资金使用效率，再将相应乡（镇）的平均值作为区（县）的评价指标。根据正文第七章表 7-7，屯溪区共 6 个 DMU（街道合并为一个），黄山区有 1 个 DMU，徽州区共 7 个DMU，歙县共 28 个 DMU，休宁县共 21 个 DMU，黟县有 4 个 DMU，祁门县有 2 个 DMU，合计 69 个 DMU，满足 DEA 测量效率的基本条件。

研究时期选择 2010—2017 年，虽然第一轮新安江生态补偿协议正式签定的时间是 2012 年，但是自 2010 年开始就陆续有资金投入到新安江的治理①，考虑到资金投入产生效益具有滞后性，加之很难细分每一年的资金投入，因此选择把 2010—2017 年看作一个时间点，将各个 DMU 投入和产出在此 8 年期间的总量作为计算资金投入效率的指标。

（2）产出指标的选取

从流域生态补偿的实施目出发，一方面，资金的投入需要产出流域生态系统服务，产生生态效益；另一方面，生态补偿还带着减贫的社会目标，缓解贫困、增加农民收入是项目资金投入需要带来的经济效益。基于此选取两个产出指标，即人类活动净氮输出和农民纯收入。

人类活动净氮输出（net anthropogenic nitrogen output，缩写为 NANO）由上一节中计算出的 NANI 取负数确定。从区（县）的 NANO 到乡镇的NANO 需要进行数据尺度转换，解决方案有面积比值法、人口比值法等（张汪寿 等，2014）。考虑到黄山地区有大面积的景区，按照面积比值计算失之偏颇，而且该指标与人类活动密切相关，因此选择人口比值的方法，按照乡（镇）人口分摊，将 2010—2017 年 NANO 总量分摊到各个乡（镇）。

另一个产出指标是农民纯收入（farmers net income，FNI）。该指标由各个乡（镇）的农民人均纯收入和各个乡（镇）的农民常住人口加和确认，见式B-2。所有数据来源于《2011—2018 年中国县域统计年鉴（乡镇卷）》、《2011—2017 年安徽省统计年鉴》的《附录 3 全省建制镇基本情况》以及《2011—2018 年黄山市统计年鉴》。

$$F = \sum_{i}^{t} (F_a \times P) \tag{B-2}$$

---

① 2010 年，中央财政下达 5 000 万元作为新安江生态补偿的启动资金。2011 年，中央财政再次下达 2 亿元作为补偿资金。

其中，i 表示一个乡（镇），$i=1$，2，…，69；t 表示年份，$t=2010$，2011，…，2017；F_a 表示某一年某一乡（镇）的农民人均纯收入；P 表示某一年某一乡（镇）的农民常住人口。

各个乡（镇）在研究时期的 NANO 和 FNI 见表 B-1。

表 B-1　新安江流域各乡（镇）的产出指标情况

地区	人类活动净氮输出（千克）	农民纯收入（万元）	地区	人类活动净氮输出（千克）	农民纯收入（万元）
屯溪区街道	361 184.03	32.659 5	歙县新溪口乡	41 781.52	4.756 5
屯溪区屯光镇	54 477.31	7.022 6	歙县璜田乡	133 901.32	15.221 1
屯溪区阳湖镇	96 360.88	12.421 4	歙县长陔乡	88 010.55	9.055 0
屯溪区黎阳镇	49 368.16	5.158 0	歙县森村乡	63 148.35	6.228 7
屯溪区新潭镇	34 943.58	6.146 2	歙县绍濂乡	80 355.82	8.970 9
屯溪区奕棋镇	36 172.50	3.312 3	歙县石门乡	25 939.62	2.974 5
黄山区汤口镇	2 519 346.13	13.497 6	歙县狮石乡	6 426.96	0.484 3
徽州区岩寺镇	1 302 442.43	20.904 1	休宁县海阳镇	7 069 083.24	51.801 4
徽州区西溪南镇	792 748.05	12.234 2	休宁县齐云山镇	1 622 273.02	10.453 0
徽州区潜口镇	555 936.05	9.762 3	休宁县万安镇	2 839 160.17	17.531 3
徽州区呈坎镇	521 984.68	8.718 4	休宁县五城镇	2 779 337.18	18.909 1
徽州区洽舍乡	141 362.02	1.954 0	休宁县东临溪镇	2 425 262.90	17.116 3
徽州区杨村乡	194 714.18	2.451 9	休宁县蓝田镇	1 584 944.44	9.859 3
徽州区富溪乡	331 320.18	4.642 6	休宁县溪口镇	2 877 947.84	18.400 8
歙县徽城镇	416 061.26	95.077 8	休宁县流口镇	670 455.21	3.302 3
歙县深渡镇	155 180.45	21.629 8	休宁县汪村镇	1 307 715.96	6.549 0
歙县北岸镇	103 213.51	15.891 9	休宁县商山镇	2 675 984.45	17.610 3
歙县富堨镇	102 906.57	15.185 0	休宁县山斗乡	608 565.17	3.703 5
歙县郑村镇	102 010.80	15.017 7	休宁县岭南乡	427 150.74	2.565 4
歙县桂林镇	161 914.35	26.150 4	休宁县渭桥乡	1 722 464.36	10.857 2
歙县许村镇	58 832.39	6.591 5	休宁县板桥乡	715 200.86	4.127 1
歙县溪头镇	103 789.81	11.335 3	休宁县陈霞乡	1 151 349.36	6.168 3
歙县杞梓里镇	182 504.44	21.022 1	休宁县鹤城乡	997 171.41	4.803 4
歙县霞坑镇	125 958.44	13.937 7	休宁县源芳乡	638 233.48	3.182 6

（续）

地区	人类活动净氮输出（千克）	农民纯收入（万元）	地区	人类活动净氮输出（千克）	农民纯收入（万元）
歙县岔口镇	102 305.22	9.437 6	休宁县榆村乡	1 269 536.24	8.008 0
歙县街口镇	79 842.17	8.946 7	休宁县龙田乡	621 818.63	4.188 5
歙县王村镇	154 936.15	18.734 4	休宁县璜尖乡	321 366.18	1.515 1
歙县坑口乡	70 665.27	8.487 4	休宁县白际乡	246 830.63	1.170 1
歙县雄村乡	85 110.27	11.904 3	黟县碧阳镇	3 336 029.35	29.729 8
歙县上丰乡	78 357.58	9.656 3	黟县宏村镇	1 469 874.15	4.638 1
歙县昌溪乡	43 222.26	4.054 0	黟县渔亭镇	539 327.23	6.118 7
歙县武阳乡	73 340.04	9.490 7	黟县西递镇	505 225.16	4.422 8
歙县三阳乡	129 140.60	15.100 6	祁门县金字牌镇	518 308.21	14.467 0
歙县金川乡	66 806.58	7.048 6	祁门县凫峰镇	312 328.83	6.218 6
歙县小川乡	74 668.02	8.712 1	合计	51 155 634.90	829.405 0

（3）投入指标的选取

对于新安江生态补偿资金使用效率测度的投入指标选取，延续一般生产效率测算的思路，即资本、土地和人口三大生产要素。各个指标变量和数据说明如下。

①资本投入（investment，缩写为 In），即流域生态补偿项目的投资资金。根据新安江生态补偿对 NANI 的影响，根据环境目标将投资资金分为：综合治理资金，主要指生态修复工程；畜禽养殖整治资金，包括规模养殖场污染整治、网箱退养等；面源污染整治资金，包括村级保洁、河面打捞、土壤污染治理等。其中，村级保洁和河面打捞中有部分资金是作为保洁员和打捞员的工资，对农民纯收入产出指标有影响。

需要强调的是，资本投入并不包括有关污水处理和工业点源污染的项目资金，正如前文所说，NANI 的计算中不包括污水排放的氮，仅研究区域内部的氮素循环，不产生新的氮。因此为了较为精确地考察针对 NANI 产出指标的流域生态补偿资金使用效率，这里不纳入污水处理和工业点源污染相关的投入资金。数据来源于新安江生态建设保护局的调研，具体见表 B-2。

②土地投入（land input，缩写为 LI），即各个乡（镇）的行政区域总面积。因为行政区划有轻微调整，依据当年实际情况加和，得到 2010—2017 年各个乡（镇）的行政区域总面积。

表 B-2　新安江生态补偿资金在各乡（镇）的投入（万元）

地区	综合治理	畜禽养殖	面源污染	地区	综合治理	畜禽养殖	面源污染
屯溪区街道	2 087.13	27.53	65.55	歙县新溪口乡	1 613.29	40.89	312.10
屯溪区屯光镇	14 911.04	194.05	492.00	歙县璜田乡	3 232.68	81.93	625.37
屯溪区阳湖镇	7 357.76	97.06	231.07	歙县长陔乡	3 826.15	96.97	740.18
屯溪区黎阳镇	7 422.18	97.91	383.09	歙县森村乡	2 765.44	70.09	534.98
屯溪区新潭镇	9 601.53	126.65	301.53	歙县绍濂乡	3 614.71	91.61	699.28
屯溪区奕棋镇	879.18	119.65	404.85	歙县石门乡	1 334.95	33.83	258.25
黄山区汤口镇	6 782.96	145.71	731.35	歙县狮石乡	23.38	0.59	4.52
徽州区岩寺镇	4 400.73	157.69	653.31	休宁县海阳镇	6 229.07	104.89	952.80
徽州区西溪南镇	7 560.08	111.44	461.71	休宁县齐云山镇	3 580.71	88.81	926.73
徽州区潜口镇	7 475.12	158.40	569.09	休宁县万安镇	5 155.06	65.85	598.18
徽州区呈坎镇	5 087.05	182.28	755.20	休宁县五城镇	5 755.10	142.74	1 296.61
徽州区洽舍乡	1 790.78	64.17	265.85	休宁县东临溪镇	4 791.38	95.02	983.20
徽州区杨村乡	3 029.02	108.54	449.67	休宁县蓝田镇	4 747.49	117.75	1 069.60
徽州区富溪乡	3 512.98	125.88	551.52	休宁县溪口镇	7 830.95	176.81	1 606.14
歙县徽城镇	2 498.06	63.31	733.26	休宁县流口镇	2 079.36	51.57	468.48
歙县深渡镇	6 113.57	94.12	718.40	休宁县汪村镇	5 507.86	136.60	1 240.91
歙县北岸镇	3 384.58	85.78	654.76	休宁县商山镇	3 056.38	75.80	688.60
歙县富堨镇	2 089.82	52.97	434.28	休宁县山斗乡	1 898.65	47.09	427.76
歙县郑村镇	1 081.47	27.41	209.21	休宁县岭南乡	780.13	19.35	175.76
歙县桂林镇	5 326.17	134.99	1 030.37	休宁县渭桥乡	3 407.53	84.51	767.71
歙县许村镇	3 336.62	84.56	645.48	休宁县板桥乡	2 594.39	64.35	584.51
歙县溪头镇	4 617.51	117.03	893.27	休宁县陈霞乡	3 145.65	78.02	708.71
歙县杞梓里镇	6 595.89	167.17	1 276.00	休宁县鹤城乡	4 160.82	103.20	937.43
歙县霞坑镇	3 400.62	86.19	657.86	休宁县源芳乡	1 805.12	44.77	406.69
歙县岔口镇	3 643.05	92.54	734.76	休宁县榆村乡	1 557.60	38.63	350.93
歙县街口镇	3 048.87	57.00	435.05	休宁县龙田乡	74.91	1.88	17.09
歙县王村镇	2 962.60	75.09	573.13	休宁县璜尖乡	112.28	2.79	25.30
歙县坑口乡	1 638.54	41.53	426.98	休宁县白际乡	17.58	0.44	3.96
歙县雄村乡	1 628.58	41.28	315.06	黟县碧阳镇	6 455.43	201.65	1 200.39
歙县上丰乡	2 723.65	69.03	556.90	黟县宏村镇	10 177.10	301.97	1 648.35
歙县昌溪乡	780.73	19.79	151.04	黟县渔亭镇	4 225.64	122.63	967.54
歙县武阳乡	1 511.49	38.31	292.40	黟县西递镇	4 096.35	127.96	871.35

（续）

地区	综合治理	畜禽养殖	面源污染	地区	综合治理	畜禽养殖	面源污染
歙县三阳乡	4 631.02	117.37	1 035.89	祁门县金字牌镇	561.55	5.23	79.24
歙县金川乡	944.08	23.93	182.64	祁门县凫峰镇	6 512.06	108.00	939.37
歙县小川乡	2 714.33	68.79	635.10	合计	263 295.54	6 099.16	42 025.65

③人口投入（population input，PI），选择各个乡（镇）的常住人口，加和计算。因为 2017 年更换了统计口径，无法获取常住人口信息，所以采用 2017 年的人口自然增长率和 2016 年的乡（镇）常住人口进行估算。

对以上投入指标进行描述性统计，观察其基本特征，结果如表 B-3 所示。

表 B-3　投入指标的描述性统计

指标名称	样本量	最小值	最大值	平均值	标准差
综合治理（万元）	69	17.584	14 911.039	3 815.913	2 702.902
畜禽养殖（万元）	69	0.436	301.97	88.449	55.339
面源污染（万元）	69	3.961	1 648.352	609.058	368.499 9
行政区域面积（千米^2）	69	162.64	1 793.76	669.725	349.317
常住人口（人）	69	8 245	732 811	132 128	123 862.098

References 参考文献

奥斯特罗姆，2000a. 公共经济的比较研究［M］//奥斯特罗姆，帕克斯，惠特克. 公共服务的制度建构. 宋全喜，任睿，译. 上海：上海三联书店：中文版序言.

奥斯特罗姆，2000b. 公共事物的治理之道：集体行动制度的演进［M］. 余逊达，陈旭东，译. 上海：上海三联书店：15，81－84，143.

奥斯特罗姆，2004. 制度性的理性选择：对制度分析和发展框架的评估［M］//萨巴蒂尔. 政策过程理论. 钟开斌，等，译. 北京：生活·读书·新知三联书店：45－91.

奥斯特罗姆 V，奥斯特罗姆 E，2000. 公益物品与公共选择［M］//麦金尼斯. 多中心体制与地方公共经济. 毛寿龙，译. 上海：上海三联书店：99－101.

奥斯特罗姆，加德纳，沃克，2011. 规则、博弈与公共池塘资源［M］. 王巧玲，任睿，译. 西安：陕西人民出版社：31－39.

蔡昉，王德文，2005. 经济增长成分变化与农民收入源泉［J］. 管理世界（5）：77－83.

曹莉萍，周冯琦，吴蒙，2019. 基于城市群的流域生态补偿机制研究——以长江流域为例［J］. 生态学报，39（1）：85－96.

查结祥，2016. 黄山地区居民膳食摄入及其与 BMI、血压的相关性研究［D］. 合肥：安徽医科大学：22.

陈东风，陈歆，曹澜，2016. 新安江流域生态补偿机制试点研究［C］//张光新，张蕾，李峰平，等. 面向未来的水安全与可持续发展——第十四届中国水论坛论文集. 北京：中国水利水电出版社：209－214.

陈飞，2016. 长江流域人类活动净氮输入及其生态环境效应浅析［D］. 上海：华东师范大学：26.

陈建军，陈菁菁，黄洁，2020. 长三角生态绿色一体化发展示范区产业发展研究［J］. 南通大学学报（社会科学版），36（2）：1－9.

陈利顶，李俊然，张淑荣，等，2002. 流域生态系统管理与生态补偿［C］//中国地理学会自然地理专业委员会. 土地覆被变化及其环境效应. 北京：星球地图出版社：326.

陈能汪，王龙剑，鲁婷，2012. 流域生态系统服务研究进展与展望［J］. 生态与农村环境学报，28（2）：113－119.

陈倩，2016. 多中心治理：我国地方环境资源法治模式的变革方向［J］. 法制与经济（10）：33－38.

陈湘满，2002. 论流域开发管理中的区域利益协调［J］. 经济地理，22（5）：525－529.

陈艳萍，程亚雄，2018. 黄河流域上游企业参与生态补偿行为研究——以甘肃段为例［J］. 软科学，32（5）：45－48.

成小江，开芳，2018. 流域生态补偿机制研究综述［J］. 华北水利水电大学学报（社会科学版），34（4）：9-13.

程臻宇，刘春宏，2015. 国外生态补偿效率研究综述［J］. 理论经济研究（6）：26-33.

崔向阳，2005. 制度形成的博弈分析：一个理论框架［J］. 浙江社会科学（2）：35-41.

邓红兵，王庆礼，蔡庆华，1998. 流域生态学——新学科、新思想、新途径［J］. 应用生态学报，9（4）：443-449.

董金明，尹兴，张峰，2013. 我国环境产权公平问题及其对效率影响的实证分析［J］. 复旦学报（社会科学版），55（2）：95-104.

董沛武，乔凯，程璐，2019. 住房反向抵押贷款保险市场博弈演化模型研究［J］. 管理科学学报，22（2）：52-62.

董战峰，王慧杰，葛察忠，2014. 流域生态补偿：中国的实践模式与标准设计［C］//中国生态经济学学会. 生态经济与美丽中国——中国生态经济学学会成立30周年暨2014年学术年会论文集. 北京：社会科学文献出版社：245-254.

董志强，2008. 制度及其演化的一般理论［J］. 管理世界（5）：151-165.

杜洪燕，武晋，2017. 农户参与岗位类生态补偿项目的影响因素分析——基于生态补偿减贫的视角［J］. 山西农业大学学报（社会科学版），16（4）：17-23.

杜群，陈真亮，2014. 论流域生态补偿"共同但有差别的责任"——基于水质目标的法律分析［J］. 中国地质大学学报（社会科学版），14（1）：9-16.

段靖，严岩，王丹寅，等，2010. 流域生态补偿标准中成本核算的原理分析与方法改进［J］. 生态学报，30（1）：221-227.

敦越，杨春明，袁旭，等，2019. 流域生态系统服务研究进展［J］. 生态经济，35（7）：179-183.

范里安，2009. 微观经济学：现代观点：第7版［M］. 费方域，等，译. 上海：格致出版社：511-528.

范永茂，殷玉敏，2016. 跨界环境问题的合作治理模式选择——理论讨论和三个案例［J］. 公共管理学报，13（2）：63-75，155-156.

方巍，2004. 环境价值论［D］. 上海：复旦大学：50.

费希尔，比勒，劳里，等，2005. 博士、硕士研究生毕业论文研究与写作［M］. 徐海乐，钱萌，译. 北京：经济管理出版社：69.

冯朝睿，王上铭，2018. 主动协商型扶贫：基于IAD框架的精准扶贫新模式分析［J］. 学术探索（5）：76-82.

弗里曼，2002. 环境与资源价值评估——理论与方法［M］. 曾贤刚，译. 北京：中国人民大学出版社：60.

付意成，吴文强，阮本清，2014. 永定河流域水量分配生态补偿标准研究［J］. 水利学报，45（2）：142-149.

高伟，高波，严长安，等，2016. 鄱阳湖流域人为氮磷输入演变及湖泊水环境响应［J］. 环境科学学报，36（9）：3137-3145.

高伟，郭怀成，后希康，2014. 中国大陆市域人类活动净氮输入量（NANI）评估［J］. 北京大学学报（自然科学版），50（5）：951-959.

葛颜祥，梁丽娟，王蓓蓓，等，2009.黄河流域居民生态补偿意愿及支付水平分析——以山东省为例 [J].中国农村经济（10）：77-85.

耿翔燕，葛颜祥，2018.基于水量分配的流域生态补偿研究——以小清河流域为例 [J].中国农业资源与区划，39（4）：36-44.

巩杰，徐彩仙，燕玲玲，等，2019.1997—2018年生态系统服务研究热点变化与动向 [J].应用生态学报，30（10）：3265-3276.

顾峰雪，黄玫，张远东，等，2016.1961—2010年中国区域氮沉降时空格局模拟研究 [J].生态学报，36（12）：3591-3600.

郭升选，2006.生态补偿的经济学解释 [J].西安财经学院学报，19（6）：43-48.

郭旭东，谢俊奇，2018.新时代中国土地生态学发展的思考 [J].中国土地科学，32（12）：1-6.

郭正林，2004.乡村治理及其制度绩效评估：学理性案例分析 [J].华中师范大学学报（人文社会科学版），43（4）：24-31.

国家发展改革委，2013.千岛湖及新安江上游流域水资源与生态环境保护综合规划（国函〔2013〕135号）[R].

韩霁，2015.共保一江水补偿尚无期 [N].中国环境报，2015-3-24（6）.

韩秋影，黄小平，施平，2007.生态补偿在海洋生态资源管理中的应用 [J].生态学杂志，26（1）：126-130.

韩玉国，李叙勇，南哲，李波.北京地区2003—2007年人类活动氮累积状况研究 [J].环境科学，2011，32（6）：1537-1545.

韩云芳，韩圣慧，严平，2015.基于区域氮循环模型IAP-N的安徽省农用地N2O排放量估算 [J].环境科学，36（7）：2395-2404.

郝春旭，赵艺柯，何玥，等，2019.基于利益相关者的赤水河流域市场化生态补偿机制设计 [J].生态经济，35（2）：168-173.

郝海广，勾蒙蒙，张惠远，等，2018.基于生态系统服务和农户福祉的生态补偿效果评估研究进展 [J].生态学报，38（19）：6810-6817.

何立华，2016.产权、效率与生态补偿机制 [J].现代经济探讨（1）：40-44.

何凌霄，张忠根，南永清，等，2017.制度规则与干群关系：破解农村基础设施管护行动的困境——基于IAD框架的农户管护意愿研究 [J].农业经济问题，38（1）：9-21，110.

衡霞，谭振宇，2018.地方政府农业供给侧改革风险防范责任的制度分析框架 [J].四川师范大学学报（社会科学版），45（1）：106-113.

侯风云，2022.论马克思劳动价值论及其理论意义和实践意义 [J].河北经贸大学学报，43（3）：1-8.

胡东滨，刘辉武，2019.基于演化博弈的流域生态补偿标准研究——以湘江流域为例 [J].湖南社会科学（3）：114-120.

胡振华，刘景月，钟美瑞，等，2016.基于演化博弈的跨界流域生态补偿利益均衡分析——以漓江流域为例 [J].经济地理，36（6）：42-49.

胡振通，柳荻，孔德帅，等，2017. 基于机会成本法的草原生态补偿中禁牧补助标准的估算 [J]. 干旱区资源与环境，31（2）：63-71.

黄凯南，2009. 演化博弈与演化经济学 [J]. 经济研究，44（2）：132-145.

黄顺魁，2016. 生态资源属性对不同生态补偿方式的影响 [J]. 现代管理科学（12）：58-60.

江波，蔡金洲，杨梦斐，等，2018. 基于供需耦合机制的流域水生态系统管理 [J]. 生态学杂志，37（10）：3155-3162.

姜珂，游达明，2019. 基于区域生态补偿的跨界污染治理微分对策研究 [J]. 中国人口·资源与环境，29（1）：135-143.

接玉梅，葛颜祥，2014. 居民生态补偿支付意愿与支付水平影响因素分析——以黄河下游为例 [J]. 华东经济管理，28（4）：66-69.

靳乐山，2019. 中国生态保护补偿机制政策框架的新扩展——《建立市场化、多元化生态保护补偿机制行动计划》的解读 [J]. 环境保护，47（2）：28-30.

靳乐山，吴乐，2018. 我国生态补偿的成就、挑战与转型 [J]. 环境保护，46（24）：7-13.

靳乐山，刘晋宏，孔德帅，2019. 将 GEP 纳入生态补偿绩效考核评估分析 [J]. 生态学报，39（1）：24-36.

靳乐山，左文娟，李玉新，等，2012. 水源地生态补偿标准估算——以贵阳鱼洞峡水库为例 [J]. 中国人口·资源与环境，22（2）：21-26.

靳平，冯峰，2015. 营养与膳食指导 [M]. 北京：科学出版社.

景守武，张捷，2018. 新安江流域横向生态补偿降低水污染强度了吗？[J]. 中国人口·资源与环境，28（10）：152-159.

孔凡斌，2010. 建立和完善我国生态环境补偿财政机制研究 [J]. 经济地理，30（8）：1360-1366.

孔凡斌，许正松，陈胜东，等，2017. 河长制在流域生态治理中的实践探索与经验总结 [J]. 鄱阳湖学刊（3）：37-45.

拉斯穆森，2009. 博弈与信息：博弈论概论：第 4 版 [M]. 韩松，等，译. 北京：中国人民大学出版社：14，170-171.

李彩红，葛颜祥，2019. 流域双向生态补偿综合效益评估研究——以山东省小清河流域为例 [J]. 山东社会科学（12）：85-90.

李芬，朱夫静，翟永洪，等，2017. 基于生态保护成本的三江源区生态补偿资金估算 [J]. 环境科学研究，30（1）：91-100.

李国平，石涵予，2015. 退耕还林生态补偿标准、农户行为选择及损益 [J]. 中国人口·资源与环境，25（5）：152-161.

李国平，李潇，萧代基，2013. 生态补偿的理论标准与测算方法探讨 [J]. 经济学家（2）：42-49.

李国志，2016. 城镇居民公益林生态补偿支付意愿的影响因素研究 [J]. 干旱区资源与环境，30（11）：98-102.

李洪佳，2016. 生态文明建设的多中心治理模式——制度供给、可信承诺和监督 [J]. 内蒙古大学学报（哲学社会科学版），48（1）：16-21.

李建，徐建锋，2018. 长江经济带水流生态保护补偿研究 [J]. 三峡生态环境监测，3（3）：25-32.

李萌，2015.2014 年中国生态补偿制度建设总体评估 [J]. 生态经济，31（12）：18-22.

李宁，王磊，张建清，2017. 基于博弈理论的流域生态补偿利益相关方决策行为研究 [J]. 统计与决策（23）：54-59.

李萍，王伟，2012. 生态价值：基于马克思劳动价值论的一个引申分析 [J]. 学术月刊，44（4）：90-95.

李齐云，汤群，2008. 基于生态补偿的横向转移支付制度探讨 [J]. 地方财政研究（12）：35-40.

李奇伟，李爱年，2014. 论利益衡平视域下生态补偿规则的法律形塑 [J]. 大连理工大学学报（社会科学版），35（3）：91-95.

李维乾，解建仓，李建勋，等，2013. 基于改进 Shapley 值解的流域生态补偿额分摊方法 [J]. 系统工程理论与实践，33（1）：255-261.

李文华，刘某承，2010. 关于中国生态补偿机制建设的几点思考 [J]. 资源科学，32（5）：791-796.

李文钊，2016. 制度分析与发展框架：传统、演进与展望 [J]. 甘肃行政学院学报（6）：4-18，125.

李潇，李国平，2014. 基于不完全契约的生态补偿"敲竹杠"治理——以国家重点生态功能区为例 [J]. 财贸研究，25（6）：87-94.

李潇，李国平，2015. 信息不对称下的生态补偿标准研究——以禁限开发区为例 [J]. 干旱区资源与环境，29（5）：12-17.

李晓冰，2009. 关于建立我国金沙江流域生态补偿机制的思考 [J]. 云南财经大学学报，25（2）：132-138.

李晓光，苗鸿，郑华，等，2009. 生态补偿标准确定的主要方法及其应用 [J]. 生态学报，29（8）：4431-4440.

李云驹，许建初，潘剑君，2011. 松华坝流域生态补偿标准和效率研究 [J]. 资源科学，33（12）：2370-2375.

李长健，孙富博，黄彦臣，2017. 基于 CVM 的长江流域居民水资源利用受偿意愿调查分析 [J]. 中国人口·资源与环境，27（6）：110-118.

李志萌，2013. 流域生态补偿：实现地区发展公平、协调与共赢 [J]. 鄱阳湖学刊（1）：5-17.

梁丽娟，葛颜祥，傅奇蕾，2006. 流域生态补偿选择性激励机制——从博弈论视角的分析 [J]. 农业科技管理，25（4）：49-52.

廖小平，2014. 流域生态补偿的价值追求与机制构建——以湘江流域生态补偿为例 [J]. 求索（11）：41-44.

林岗，刘元春，2000. 诺斯与马克思：关于制度的起源和本质的两种解释的比较 [J]. 经济研究（6）：58-65，78.

林丽英，谷曼，2018. 哈耶克与诺斯制度变迁理论的一致与互补［J］. 山西师大学报（社会科学版），45（4）：68-70.

林敏，刘虹，2018. 溢出效应影响下低碳减排策略的演化博弈分析——基于系统动力学［J］. 电子科技大学学报（社科版），20（6）：56-68.

刘春腊，刘卫东，2014. 中国生态补偿的省域差异及影响因素分析［J］. 自然资源学报，29（7）：1091-1104.

刘桂环，文一惠，张惠远，2011. 我国流域生态补偿核算方法的实践研究［M］//秦玉才. 流域生态补偿与生态补偿立法研究. 北京：社会科学文献出版社：26-35.

刘加伶，时岩钧，陈庄，等，2019. "长江经济带"背景下政府补贴与企业生态建设行为分析［J］. 重庆师范大学学报（自然科学版），36（3）：139-146.

刘建国，陈文江，徐中民，2012. 干旱区流域水制度绩效及影响因素分析［J］. 中国人口·资源与环境，22（10）：13-18.

刘珉，2011. 集体林权制度改革：农户种植意愿研究——基于 Elinor Ostrom 的 IAD 延伸模型［J］. 管理世界，（5）：93-98.

刘涛，吴钢，付晓，2012. 经济学视角下的流域生态补偿制度——基于一个污染赔偿的算例［J］. 生态学报，32（10）：2985-2991.

刘耀彬，陈斐，李仁东，2007. 区域城市化与生态环境耦合发展模拟及调控策略——以江苏省为例［J］. 地理研究（1）：187-196.

刘玉龙，马俊杰，金学林，等，2005. 生态系统服务功能价值评估方法综述［J］. 中国人口·资源与环境，15（1）：88-92.

刘玉龙，许凤冉，张春玲，等，2006. 流域生态补偿标准计算模型研究［J］. 中国水利（22）：35-38.

柳荻，胡振通，靳乐山，2018. 生态保护补偿的分析框架研究综述［J］. 生态学报，38（2）：380-392.

龙开胜，王雨蓉，赵亚莉，等，2015. 长三角地区生态补偿利益相关者及其行为响应［J］. 中国人口·资源与环境，25（8）：43-49.

卢祖国，陈雪梅，2008. 经济学视角下的流域生态补偿机理［J］. 深圳大学学报（人文社会科学版），25（6）：69-73.

罗小娟，曲福田，冯淑怡，等，2011. 太湖流域生态补偿机制的框架设计研究——基于流域生态补偿理论及国内外经验［J］. 南京农业大学学报（社会科学版），11（1）：82-89.

罗影，汪毅霖，2019. 什么是好制度与为什么好制度不可得：布坎南与诺思的思想比较——兼论中国现代化语境下的好制度［J］. 人文杂志（3）：48-57.

罗跃初，周忠轩，孙轶，等，2003. 流域生态系统健康评价方法［J］. 生态学报，23（8）：1606-1614.

吕连宏，罗宏，冯慧娟，2009. 基于经济学视角的流域环境管理［J］. 水资源与水工程学报，20（6）：71-76.

马存利，2016. 流域跨界水污染视野下区域合作行政的法制保障——以长三角为例［J］. 山西农业大学学报（社会科学版），15（3）：177-183.

马庆华，2015. 流域生态补偿政策实施效果评价方法及案例研究［D］. 北京：清华大学：26.

马莹，2010. 基于利益相关者视角的政府主导型流域生态补偿制度研究［J］. 经济体制改革（5）：52-56.

马永喜，王娟丽，王晋，2017. 基于生态环境产权界定的流域生态补偿标准研究［J］. 自然资源学报，32（8）：1325-1336.

马忠玉，刘策，2015. 皖浙两省建立跨省流域生态补偿机制的经验与启示——关于建立六盘山区生态补偿机制系列调研之三［C］//宁夏社会科学界联合会，宁夏社会学会. 2014年宁夏社会学会学术年会论文集. 宁夏：北方民族大学社会学与民族学研究所：7.

迈尔森，2007. 制度的基础理论：致莱昂尼德·赫维茨的演讲［J］. 王少国，译. 经济社会体制比较（6）：1-10.

曼昆，2015. 经济学原理：微观经济学分册：第7版［M］. 梁小民，译. 北京：北京大学出版社：230.

毛寿龙，2009. 埃莉诺·奥斯特罗姆的学术贡献［C］//和谐社区通讯（4）：14-18.

毛显强，钟瑜，张胜，2002. 生态补偿的理论探讨［J］. 中国人口·资源与环境（4）：38-41.

孟浩，白杨，黄宇驰，等，2012. 水源地生态补偿机制研究进展［J］. 中国人口·资源与环境，22（10）：86-93.

穆怀中，王珍珍，王玥，2017. 基于人口年龄结构的生态补偿理论研究［J］. 经济学家（4）：45-50.

尼科尔森，2008. 微观经济学理论：基本原理与扩展：第9版［M］. 朱幼为，等，译. 北京：北京大学出版社：539-557.

欧阳志云，王如松，2000. 生态系统服务功能、生态价值与可持续发展［J］. 世界科技研究与发展，22（5）：45-50.

欧阳志云，郑华，岳平，2013. 建立我国生态补偿机制的思路与措施［J］. 生态学报，33（3）：686-692.

潘佳，2016. 政府在我国生态补偿主体关系中的角色及职能［J］. 西南政法大学学报，18（4）：68-78.

秦艳红，康慕谊，2007. 国内外生态补偿现状及其完善措施［J］. 自然资源学报，22（4）：557-567.

秦长海，2013. 水资源定价理论与方法研究［D］. 北京：中国水利水电科学研究院：36-41.

曲富国，孙宇飞，2014. 基于政府间博弈的流域生态补偿机制研究［J］. 中国人口·资源与环境，24（11）：83-88.

屈振辉，2019. 河流伦理与流域生态补偿立法［J］. 华北水利水电大学学报（社会科学版），35（1）：89-95.

饶旭鹏，刘海霞，2012. 非正式制度与制度绩效——基于"地方性知识"的视角 [J]. 西南大学学报（社会科学版），38 (2)：139-144.

沈大军，梁瑞驹，王浩，等，1998. 水资源价值 [J]. 水利学报，29 (5)：54-60.

沈满洪，2004. 水权交易制度研究 [D]. 杭州：浙江大学：11.

沈满洪，2018. 河长制的制度经济学分析 [J]. 中国人口·资源与环境，28 (1)：134-139.

沈满洪，谢慧明，2009. 公共物品问题及其解决思路——公共物品理论文献综述 [J]. 浙江大学学报（人文社会科学版），39 (6)：133-144.

史恒通，赵敏娟，2015. 基于选择试验模型的生态系统服务支付意愿差异及全价值评估——以渭河流域为例 [J]. 资源科学，37 (2)：351-359.

世界环境与发展委员会，1997. 我们共同的未来 [M]. 吉林：吉林人民出版社：52-56.

斯科特，2004. 国家的视角——那些试图改善人类状况的项目是如何失败的 [M]. 王晓毅，译. 北京：社会科学文献出版社：424.

宋丽颖，杨潭，2016. 转移支付对黄河流域环境治理的效果分析 [J]. 经济地理，36 (9)：166-172，191.

宋马林，杜倩倩，金培振，2016. 供给侧结构性改革视阈下的环境经济与自然资源管理——环境经济与自然资源管理学术研讨会综述 [J]. 经济研究 (4)：188-192.

宋世涛，魏一鸣，范英，2004. 中国可持续发展问题的系统动力学研究进展 [J]. 中国人口·资源与环境，14 (2)：42-48.

苏芳，尚海洋，聂华林，2011. 农户参与生态补偿行为意愿影响因素分析 [J]. 中国人口·资源与环境，21 (4)：119-125.

谭江涛，王群，2010. 另一只"看不见的手"——埃莉诺·奥斯特罗姆与"多中心"理论 [J]. 开放时代，(6)：140-150.

谭江涛，蔡晶晶，张铭，2018. 开放性公共池塘资源的多中心治理变革研究——以中国第一包江案的楠溪江为例 [J]. 公共管理学报，15 (3)：102-116，158-159.

谭秋成，2014. 资源的价值及生态补偿标准和方式：资兴东江湖案例 [J]. 中国人口·资源与环境，24 (12)：6-13.

谭荣，2008. 农地非农化的效率：资源配置、治理结构与制度环境 [D]. 南京：南京农业大学：62.

谭荣，2010. 制度环境与自然资源的可持续利用 [J]. 自然资源学报，25 (7)：1218-1227.

陶建蓉，赵建彬，熊国保，2018. 文化接近性、移情与流域生态补偿意愿 [J]. 企业经济 (4)：158-164.

逯超普，颜晓元，2010. 基于氮排放数据的中国大陆大气氮素湿沉降量估算 [J]. 农业环境科学学报，29 (8)：1606-1611.

田国强，陈旭东，2018. 制度的本质、变迁与选择——赫维茨制度经济思想诠释及其现实意义 [J]. 学术月刊，50 (1)：63-77.

万军，张惠远，王金南，等，2005. 中国生态补偿政策评估与框架初探 [J]. 环境科学研究，18（2）：1-8.

汪丁丁，1992. 制度创新的一般理论［J］. 经济研究（5）：69-80.

汪丁丁，2003. 社会科学及制度经济学概论［J］. 社会科学战线（3）：182-190.

汪丁丁，林来梵，叶航，2006. 效率与正义：一场经济学与法学的对话［J］. 学术月刊，38（3）：26-31.

王嘉丽，周伟奇，2019. 生态系统服务流研究进展［J］. 生态学报，39（12）：4213-4222.

王建林，2005. 当代食品科学与技术概论［M］. 兰州：兰州大学出版社：26.

王金南，万军，张惠远，2006. 关于我国生态补偿机制与政策的几点认识［J］. 环境保护（10A）：24-28.

王军锋，侯超波，闫勇，2011. 政府主导型流域生态补偿机制研究——对子牙河流域生态补偿机制的思考［J］. 中国人口·资源与环境，21（7）：101-106.

王良海，2006. 我国生态补偿法律制度研究［D］. 重庆：西南政法大学.

王敏，肖建红，于庆东，等，2015. 水库大坝建设生态补偿标准研究——以三峡工程为例［J］. 自然资源学报，30（1）：37-49.

王其藩，1995. 系统动力学理论与方法的新进展［J］. 系统工程理论方法应用，4（2）：6-12.

王其藩，2009. 系统动力学：2009 年修订版［M］. 上海：上海财经大学出版社：2-189.

王其藩，李旭，2004. 从系统动力学观点看社会经济系统的政策作用机制与优化［J］. 科技导报（5）：35-37.

王清军，2018. 生态补偿支付条件：类型确定及激励、效益判断［J］. 中国地质大学学报（社会科学版），18（3）：56-69.

王树义，赵小姣，2019. 长江流域生态环境协商共治模式初探［J］. 中国人口·资源与环境，29（8）：31-39.

王先甲，全吉，刘伟兵，2011. 有限理性下的演化博弈与合作机制研究［J］. 系统工程理论与实践，31（增刊1）：82-93.

王小龙，2004. 退耕还林：私人承包与政府规制［J］. 经济研究（4）：107-116.

王晓莉，徐娜，王浩，等，2018. 地方政府推广市场化生态补偿式扶贫的理论作用与实践确认［J］. 中国人口·资源与环境，28（8）：105-116.

王晓玥，李双成，高阳，2016. 基于生态系统服务的稻改旱工程多层次补偿标准［J］. 环境科学研究，29（11）：1709-1717.

王一超，郝海广，张惠远，等，2016. 自然保护区农户参与生态补偿的意愿及其影响因素［J］. 生态与农村环境学报，32（6）：895-900.

王奕淇，李国平，延步青，2019. 流域生态服务价值横向补偿分摊研究［J］. 资源科学，41（6）：1013-1023.

王勇，2008. 流域政府间横向协调机制研究——以流域水资源配置使用之负外部性治理为例［D］. 南京：南京大学：6.

王雨蓉，龙开胜，2015. 生态补偿对土地利用变化的影响：表现、因素与机制——文献综

述及理论框架 [J]. 资源科学, 37 (9)：1807 - 1815.

王雨蓉, 龙开胜, 2016. 基于 IAD 框架的政府付费生态补偿利益关系及协调 [J]. 南京农
业大学学报 (社会科学版), 16 (5)：137 - 144, 158.

王玉明, 王沛雯, 2017. 城市群横向生态补偿机制的构建 [J]. 哈尔滨工业大学学报 (社
会科学版), 19 (1)：112 - 120.

王原, 陆林, 赵丽侠, 2014. 1976—2007 年纳木错流域生态系统服务价值动态变化 [J].
中国人口·资源与环境, 24 (11)：154 - 159.

韦森, 2009. 再评诺斯的制度变迁理论 [J]. 经济学, 8 (2)：743 - 768.

魏楚, 沈满洪, 2011. 基于污染权角度的流域生态补偿模型及应用 [J]. 中国人口·资源
与环境, 21 (6)：135 - 141.

吴乐, 孔德帅, 靳乐山, 2019. 中国生态保护补偿机制研究进展 [J]. 生态学报, 39 (1)：
1 - 8.

吴一洲, 2009. 转型背景下城市土地资源利用的空间重构效应 [D]. 杭州：浙江大学.

奚宾, 2016. 《巴黎协定》后生态经济利益补偿路径选择 [J]. 贵州社会科学, 323 (11)：
121 - 125.

习近平, 2019. 推动形成优势互补高质量发展的区域经济布局 [J]. 求是 (24)：4 - 9.

夏永秋, 杨旺鑫, 施卫明, 等, 2018. 我国集约化种植业面源氮发生量估算 [J]. 生态与
农村环境学报, 34 (9)：782 - 787.

相晨, 严力蛟, 韩轶才, 等, 2019. 千岛湖生态系统服务价值评估 [J]. 应用生态学报
(11)：3875 - 3884.

肖爱, 唐江河, 2013. 论跨行政区流域生态补偿的社会属性——基于流域生态补偿法律制
度建构的现实立场 [J]. 时代法学, 11 (5)：17 - 23.

肖丹, 2009. 从霍布斯到卢梭——近代西方社会契约论思想析理 [J]. 武汉科技大学学报
(社会科学版), 11 (5)：15 - 19.

肖加元, 潘安, 2016. 基于水排污权交易的流域生态补偿研究 [J]. 中国人口·资源与环
境, 26 (7)：18 - 26.

肖建红, 王敏, 于庆东, 等, 2015. 基于生态足迹的大型水电工程建设生态补偿标准评价
模型——以三峡工程为例 [J]. 生态学报, 35 (8)：2726 - 2740.

谢高地, 鲁春霞, 成升魁, 2001. 全球生态系统服务价值评估研究进展 [J]. 资源科学,
23 (6)：5 - 9.

谢高地, 肖玉, 鲁春霞, 2006. 生态系统服务研究：进展、局限和基本范式 [J]. 植物生
态学报, 30 (2)：191 - 199.

谢慧明, 2012. 生态经济化制度研究 [D]. 杭州：浙江大学：94 - 95.

谢玲, 李爱年, 2016. 责任分配抑或权利确认：流域生态补偿适用条件之辨析 [J]. 中国
人口·资源与环境, 26 (10)：109 - 115.

徐大伟, 郑海霞, 刘民权, 2008. 基于跨区域水质水量指标的流域生态补偿量测算方法研
究 [J]. 中国人口·资源与环境, 18 (4)：189 - 194.

徐大伟, 涂少云, 常亮, 等, 2012. 基于演化博弈的流域生态补偿利益冲突分析 [J]. 中

国人口·资源与环境，22 (2)：8 - 14.

徐海量，樊自立，禹朴家，等，2010. 新疆玛纳斯河流域生态补偿研究［J］. 干旱区地理，33 (5)：775 - 783.

徐建英，刘新新，冯琳，等，2015. 生态补偿中权衡关系研究进展［J］. 生态学报，35 (20)：6901 - 6907.

徐晋涛，陶然，徐志刚，2004. 退耕还林：成本有效性、结构调整效应与经济可持续性——基于西部三省农户调查的实证分析［J］. 经济学 4 (1)：139 - 162.

许光清，邹骥，2006. 系统动力学方法：原理、特点与最新进展［J］. 哈尔滨工业大学学报（社会科学版），8 (4)：72 - 77.

许罗丹，黄安平，2014. 水环境改善旳非市场价值评估：基于西江流域居民条件价值调查的实证分析［J］. 中国农村经济，(2)：69 - 81.

闫人华，高俊峰，黄琪，等，2015. 太湖流域圩区水生态系统服务功能价值［J］. 生态学报，35 (15)：5197 - 5206.

杨爱平，杨和焰，2015. 国家治理视野下省际流域生态补偿新思路——以皖、浙两省的新安江流域为例［J］. 北京行政学院学报 (3)：9 - 15.

杨光明，时岩钧，杨航，等，2019. 长江经济带背景下三峡流域政府间生态补偿行为博弈分析及对策研究［J］. 生态经济，35 (4)：202 - 209，224.

杨立华，杨爱华，2004. 三种视野中的制度概念辨析［J］. 中国人民大学学报 (2)：115 - 121.

杨瑞龙，1993. 论制度供给［J］. 经济研究 (8)：45 - 52.

杨文杰，赵越，赵康平，等，2018. 流域水生态系统服务价值评估研究——以黄山市新安江为例［J］. 中国环境管理 (4)：100 - 106.

俞海，任勇，2007. 生态补偿的理论基础：一个分析性框架［J］. 城市环境与城市生态，20 (2)：28 - 31.

袁伟彦，周小柯，2014. 生态补偿问题国外研究进展综述［J］. 中国人口·资源与环境，24 (11)：76 - 82.

张彩霞，谢高地，杨勤科，等，2008. 黄土丘陵区土壤保持服务价值动态变化及评价——以纸坊沟流域为例［J］. 自然资源学报 (6)：1035 - 1043.

张诚，严登华，郝彩莲，等，2011. 水的生态服务功能研究进展及关键支撑技术［J］. 水科学进展，22 (1)：126 - 134.

张国清，2014. 利维坦、国家主权和人民福祉［J］. 华中师范大学学报（人文社会科学版），53 (4)：50 - 60.

张捷，莫扬，2018. "科斯范式"与"庇古范式"可以融合吗？——中国跨省流域横向生态补偿试点的制度分析［J］. 制度经济学研究，(3)：23 - 44.

张婕，钱炜，王济干，2013. 实物期权在流域生态补偿机会成本测算中的应用［J］. 长江流域资源与环境，22 (2)：239 - 243.

张康之，2007. 论合作［J］. 南京大学学报（哲学·人文科学·社会科学版）(5)：114 - 125，144.

张明凯，潘华，胡元林，2018. 流域生态补偿多元融资渠道融资效果的 SD 分析［J］. 经济
　　问题探索（3）：58－65.

张庆丰，BENNETT T M，2011. 中国的流域生态补偿［M］//秦玉才. 流域生态补偿与生
　　态补偿立法研究. 北京：社会科学文献出版社：23－25.

张汪寿，李叙勇，杜新忠，等，2014. 流域人类活动净氮输入量的估算、不确定性及影响
　　因素［J］. 生态学报，34（24）：7454－7464.

张汪寿，苏静君，杜新忠，等，2015.1990—2010 年淮河流域人类活动净氮输入［J］. 应
　　用生态学报，26（6）：1831－1839.

张旭昆，2002. 制度的定义与分类［J］. 浙江社会科学（6）：3－9.

张晏，2016. 国外生态补偿机制设计中的关键要素及启示［J］. 中国人口·资源与环境，
　　26（10）：121－129.

张晏，2017. 生态系统服务市场化工具：概念、类型与适用［J］. 中国人口·资源与环境，
　　27（6）：119－126.

张志强，程莉，尚海洋，等，2012. 流域生态系统补偿机制研究进展［J］. 生态学报，32
　　（20）：6543－6552.

长江水资源保护科学研究所，2013. 赣江流域综合规划环境影响报告书［R］.［出版者不
　　详］：1.

赵春光，2008. 流域生态补偿制度的理论基础［J］. 法学论坛，23（4）：90－96.

赵晶晶，葛颜祥，郑云辰，2019. 流域生态补偿优化：政府与市场的协同［J］. 改革与战
　　略，35（2）：7－13.

赵雪雁，2012. 生态补偿效率研究综述［J］. 生态学报，32（6）：1960－1969.

赵银军，魏开湄，丁爱中，等，2012. 流域生态补偿理论探讨［J］. 生态环境学报，21
　　（5）：963－969.

郑云辰，葛颜祥，接玉梅，等，2019. 流域多元化生态补偿分析框架：补偿主体视角［J］.
　　中国人口·资源与环境，29（7）：131－139.

中国 21 世纪议程管理中心，2012. 生态补偿的国际比较：模式与机制［M］. 北京：社会
　　科学文献出版社：24.

中国工程院中国可持续发展水资源项目组，2000. 中国可持续发展水资源战略研究综合报
　　告［J］. 中国水利（8）：5－17.

中国预防医学科学院营养与食品卫生研究所，1992. 食物成分表：全国分省值［M］. 北
　　京：人民卫生出版社.

中华人民共和国生态环境部，2019.2018 中国生态环境状况公报［R］：18－19.

周晨，丁晓辉，李国平，等，2015. 南水北调中线工程水源区生态补偿标准研究——以生
　　态系统服务价值为视角［J］. 资源科学，37（4）：792－804.

周黎安，2007. 中国地方官员的晋升锦标赛模式研究［J］. 经济研究（7）：36－50.

周琳，杨祯妮，程广燕，等，2016. 我国居民食物消费主要特征与问题分析［J］. 中国食
　　物与营养，22（3）：47－51.

周业安，2000. 中国制度变迁的演进论解释［J］. 经济研究（5）：3－11，79.

朱烈夫，殷浩栋，张志涛，等，2018. 生态补偿有利于精准扶贫吗？——以三峡生态屏障建设区为例［J］. 西北农林科技大学学报（社会科学版），18（2）：42－48.

纵伟，2015. 食品科学概论［M］. 北京：中国纺织出版社：25.

ALIGICA P D，TARKO V，2012. Polycentricity：from Polanyi to Ostrom，and Beyond ［J］. Governance，25（2）：237－262.

ANANDA J，PROCTOR W，2013. Collaborative approaches to water management and planning：an institutional perspective［J］. Ecological Economics，86：97－106.

ANDERSSON K，OSTROM E，2008. Analyzing decentralized resource regimes from a polycentric perspective［J］. Policy Sciences，41（1）：71－93.

ARNOLD G，FLEISCHMAN F D，2013. the influence of organizations and institutions on wetland policy stability：the Rapanos case［J］. Policy Studies Journal，41（2）：343－364.

BALVANERA P，URIARTE M，ALMEIDA-LEÑERO L，et al.，2012. Ecosystem services research in Latin America：the state of the art［J］. Ecosystem Services，2：56－70.

BEGOSSI A，MAY P H，LOPES P F，et al.，2011. Compensation for environmental services from artisanal fisheries in SE Brazil：policy and technical strategies［J］. Ecological Economics，71：25－32.

BELLMORE R A，COMPTON J E，BROOKS J R，et al.，2018. Nitrogen inputs drive nitrogen concentrations in U. S. streams and rivers during summer low flow conditions［J］. Science of the Total Environment，639：1349－1359.

BELLVER-DOMINGO A，HERNÁNDEZ-SANCHO F，MOLINOS-SENANTE M，2016. A review of payment for ecosystem services for the economic internalization of environmental externalities：a water Perspective［J］. Geoforum，70：115－118.

BENNETT D E，GOSNELL H，LURIE S，et al.，2014. Utility engagement with payments for watershed services in the United States［J］. Ecosystem Services，8：56－64.

BHANDARI P，MOHAN K C，SHRESTHA S，et al.，2016. Assessments of ecosystem service indicators and stakeholder's willingness to pay for selected ecosystem services in the Chure region of Nepal［J］. Applied Geography，69：25－34.

BILOTTA G S，MILNER A M，BOYD I，2014. On the use of systematic reviews to inform environmental policies［J］. Environmental Science & Policy，42：67－77.

BLANCHARD L，VIRA B，BRIEFER L，2015. The lost narrative：ecosystem service narratives and the missing Wasatch watershed conservation story［J］. Ecosystem Services，16：105－111.

BLIGNAUT J，MANDER M，SCHULZE R，et al.，2010. Restoring and managing natural capital towards fostering economic development：evidence from The Drakensberg，South Africa［J］. Ecological Economics，69（6）：1313－1323.

BLOMQUIST W，SCHLAGER E. Political pitfalls of integrated watershed management［J］. Society and Natural Resources，2005，18（2）：101－117.

BLUNDO-CANTO G, BAX V, QUINTERO M, et al., 2018. The different dimensions of livelihood impacts of payments for environmental services (PES) schemes: a systematic review. Ecological Economics, 149, 160 – 183.

BOISVERT V, MÉRAL P, FROGER G, 2013. Market-based instruments for ecosystem services: institutional innovation or renovation? [J]. Society and Natural Resources, 26: 1122 – 1136.

BÖRNER J, BAYLIS K, CORBERA E, et al., 2017. The effectiveness of payments for environmental services [J]. World Development, 96 (1): 359 – 374.

BÖSCH M, ELSASSER P, WUNDER S, 2019. Why do payments for watershed services emerge? A cross-country analysis of adoption contexts [J]. World Development, 119: 111 – 119.

BOTTAZZI P, WIIK E, CRESPO D, et al., 2018. Payment for environmental "self-service": exploring the links between farmers' motivation and additionality in a conservation incentive programme in the Bolivian Andes [J]. Ecological Economics, 150: 11 – 23.

BRAUMAN K A, DAILY G C, DUARTE T K, et al., 2007. The nature and value of ecosystem services: an overview of highlighting hydrological services [J]. Annual Review of Environment and Resources, 32: 67 – 98.

BREMER L L, AUERBACH D A, GOLDSTEIN J H, et al., 2016. One size does not fit all: natural infrastructure investments within the Latin American Water Funds Partnership [J]. Ecosystem Services, 17: 217 – 236.

BRISBOIS M C, MORRIS M, DELOËR, 2019. Augmenting the IAD framework to reveal power in collaborative governance - an illustrative application to resource industry dominated processes [J]. World Development, 120: 159 – 168.

BROUWER R, TESFAYE A, PAUW P, 2011. Meta-analysis of institutional-economic factors explaining the environmental performance of payments for watershed services [J]. Environmental Conservation, 38 (4): 380 – 392.

CAMPANHÃO L M B, RANIERI V E L, 2019. Guideline framework for effective targeting of payments for watershed services [J]. Forest Policy and Economics, 104: 93 – 109.

CHING L, MUKHERJEE M, 2015. Managing the socio-ecology of very large rivers: collective choice rules in IWRM narratives [J]. Global Environmental Change, 34: 172 – 184.

CLAASSEN R, CATTANEO A, JOHANSSON R, 2008. Cost-effective design of agri-environmental payment programs: U. S. experience in theory and practice [J]. Ecological Economics, 65 (4): 737 – 752.

CLEMENT F, AMEZAGA J M, 2008. Linking reforestation policies with land use change in northern Vietnam: why local factors matter [J]. Geoforum, 39 (1): 265 – 277.

CLEMENT F, AMEZAGA J M, 2009. Afforestation and forestry land allocation in northern Vietnam: analysing the gap between policy intentions and outcomes [J]. Land Use Policy, 26: 458 – 470.

COASE R H，1960. The problem of social cost [J] . Journal of Law and Economics，3：1 -
44.

COLE D H，2011. From global to polycentric climate governance [J] . Climate Law，
2：395 - 413.

COLEMAN E A，STEED B C，2009. Monitoring and sanctioning in the commons：an appli-
cation to forestry [J] . Ecological Economics，68：2106 - 2113.

COSTANZA R，DARGE R，DE GROOT R，et al. ，1997. The value of the world's ecosys-
tem services and natural capital [J] . Nature，387（6630）：253 - 260.

COWLING R M，EGOH B，KNIGHT A T，et al. ，2008. An operational model for main-
streaming ecosystem services for implementation [J] . Proceedings of The National Acade-
my of Sciences of the United States of America，105（28）：9483 - 9488.

DE GROOT R B A，HERMANS L M，2009. Broadening the picture：negotiating payment
schemes for water-related environmental services in The Netherlands [J] . Ecological Eco-
nomics，68：2760 - 2767.

DE LIMA L S，KRUEGER T，GARCÍA-MARQUEZ J，2017. Uncertainties in demonstra-
ting environmental benefits of payments for ecosystem services [J] . Ecosystem Services，
27：139 - 149.

DEMSETZ H，1967. Toward a theory of property rights [J] . The American Economic Re-
view，57（2）：347 - 359.

DONG S，LASSOIE J，SHRESTHA K K，et al. ，2009. Institutional development for sus-
tainable rangeland resource and ecosystem management in mountainous areas of northern
Nepal [J] . Journal of Environmental Management，90：994 - 1003.

ENGEL S，2015. The devil in the detail：a practical guide on designing payments for environ-
mental services [J] . International Review of Environmental and Resource Economics，9
（1/2）：131 - 177.

ENGEL S，SCHAEFER M，2013. Ecosystem services—a useful concept for addressing wa-
ter challenges? [J] . Current Opinion in Environmental Sustainability，5：696 - 707.

ENGEL S，PAGIOLA S，WUNDER S，2008. Designing payments for environmental serv-
ices in theory and practice：an overview of the issues [J] . Ecological Economics，65（4）：
663 - 674.

ESCOBAR M M，HOLLAENDER R，WEFFER C P，2013. Institutional durability of pay-
ments for watershed ecosystem services：lessons from two case studies from Colombia and
Germany [J] . Ecosystem Services，6：46 - 53.

FARLEY J，COSTANZA R，2010. Payments for ecosystem services：from local to global
[J] . Ecological Economics，69（11）：2060 - 2068.

FAUZI A，ANNA Z，2013. The complexity of the institution of payment for environmental serv-
ices：a case study of two Indonesian PES schemes [J] . Ecosystem Services，6：54 - 63.

FERRARO P J，2008. Asymmetric information and contract design for payments for environmental services [J] . Ecological Economics, 65: 810 - 821.

FERRARO P J, KISS A, 2002. Direct payments to conserve biodiversity [J] . Science, 298: 1718 - 1719.

FIDELMAN P, EVANS L, FABINYI M, et al. , 2012. Governing large-scale marine commons: contextual challenges in the Coral Triangle [J] . Marine Policy, 36: 42 - 53.

FIGUEROA F, CARO-BORRERO Á, REVOLLO-FERNÁNDEZ D, et al. , 2016. "I like to conserve the forest, but I also like the cash". Socioeconomic factors influencing the motivation to be engaged in the Mexican Payment for Environmental Services Programme [J]. Journal of Forest Economics, 22: 36 - 51.

FISHER B, KULINDWA K, MWANYOKA I, et al. , 2010. Common pool resource management and PES: lessons and constraints for water PES in Tanzania [J] . Ecological Economics, 69 (6): 1253 - 1261.

FISHER B, TURNER R K, MORLING P. Defining and classifying ecosystem services for decision making [J] . Ecological Economics, 2009, 68 (3): 643 - 653.

FRIEDMAN D, 1991. Evolutionary games in economics [J] . Econometrica, 59 (3): 637 - 666.

FRIEDMAN D, 1998. On economic applications of evolutionary game theory [J] . Journal of Evolutionary Economics, 8: 15 - 43.

FRIEL D, 2017. Understanding institutions: different paradigms, different conclusions [J]. Revista de Administração, 52 (2): 212 - 214.

GALLOWAY J N, DENTENER F J, CAPONE D G, et al. , 2004. Nitrogen cycles: past, present, and future. Biogeochemistry, 70 (2): 153 - 226.

GAO W, HOWARTH R W, SWANEY D P, et al. , 2015. Enhanced N input to Lake Dianchi Basin from 1980 to 2010: drivers and consequences [J] . Science of The Total Environment, 505: 376 - 384.

GARMENDIA E, MARIEL P, TAMAYO I, et al. , 2012. Assessing the effect of alternative land uses in the provision of water resources: evidence and policy implications from southern Europe [J] . Land Use Policy, 29 (4): 761 - 770.

GIL N, PINTO J K, 2018. Polycentric organizing and performance: a contingency model and evidence from megaproject planning in the UK [J] . Research Policy, 47 (4): 717 - 734.

GOLDMAN-BENNER R L, BENTEZ S, BOUCHER T, et al. , 2012. Water funds and payments for ecosystem services: practice learns from theory and theory can learn from practice [J] . Oryx, 46 (1): 55 - 63.

GROLLEAU G, MCCANN L M J, 2012. Designing watershed programs to pay farmers for water quality services: case studies of Munich and New York City [J] . Ecological Economics, 76: 87 - 94.

HAN H, ALLAN J D, SCAVIA D, 2009. Influence of climate and human activities on the relationship between watershed nitrogen input and river export [J] . Environmental Science and Technology, 43 (6): 1916 - 1922.

HAN Y, FAN Y, YANG P, et al. , 2014. Net anthropogenic nitrogen inputs (NANI) index application in Mainland China [J]. Geoderma, 213: 87 – 94.

HANSEN K, DUKE E, BOND C, et al. , 2018. Rancher preferences for a payment for ecosystem services program in southwestern Wyoming [J]. Ecological Economics, 146: 240 – 249.

HAYAKAWA A, WOLI K P, SHIMIZU M, et al. , 2009. Nitrogen budget and relationships with riverine nitrogen exports of a dairy cattle farming catchment in eastern Hokkaido, Japan [J]. Soil Science and Plant Nutrition, 55: 800 – 819.

HEIKKILA T, SCHLAGER E, DAVIS M W, 2011. The role of cross-scale institutional linkages in common pool resource management: assessing interstate river compacts [J]. Policy Studies Journal, 39: 121 – 145.

HIGGINS J P T, GREEN S, 2008. Cochrane handbook for systematic reviews of interventions. Version 5. 0. 0 [M/OL]. The Cochrane Collaboration. https: //training. cochrane. org/handbook/archive/v5. 0. 0/

HIJDRA A, WOLTJER J, ARTS J, 2015. Troubled waters: an institutional analysis of ageing Dutch and American waterway infrastructure [J]. Transport Policy, 42: 64 – 74.

HONG B, SWANEY D P, MÖRTH C, et al. , 2012. Evaluating regional variation of net anthropogenic nitrogen and phosphorus inputs (NANI/NAPI), major drivers, nutrient retention pattern and management implications in the multinational areas of Baltic Sea basin [J]. Ecological Modelling, 227: 117 – 135.

HOWARTH R W, BILLEN G, SWANEY D, et al. , 1996. Regional nitrogen budgets and riverine N & P fluxes for the drainages to the North Atlantic Ocean: natural and human influences [J]. Biogeochemistry, 35: 75 – 139.

HUANG M, UPADHYAYA K S, JINDAL R, et al. , 2009. Payments for watershed services in Asia: a review of current initiatives [J]. Journal of Sustainable Forestry, 28: 551 – 575.

HUBER-STEARNS H R, GOLDSTEIN J H, CHENG A S, et al. , 2015. Institutional analysis of payments for watershed services in the western United States [J]. Ecosystem Services, 16: 83 – 93.

IMPERIAL M T, YANDLE T, 2005. Taking institutions seriously: using the IAD framework to analyze fisheries policy [J]. Society and Natural Resources, 18 (6): 493 – 509.

JAUNG W, BULL G Q, SUMAILA U R, et al. , 2018. Estimating water user demand for certification of forest watershed services [J]. Journal of Environmental Management, 212: 469 – 478.

JESPERSEN K, GALLEMORE C, 2018. The institutional work of payments for ecosystem services: why the mundane should matter [J]. Ecological Economics, 146: 507 – 519.

JIANG Y, JIN L, LIN T, 2011. Higher water tariffs for less river pollution—evidence from the Min River and Fuzhou City in China [J]. China Economic Review, 22 (2): 183 – 195.

JOSLIN A J, JEPSON W E, 2018. Territory and authority of water fund payments for eco-system services in Ecuador's Andes [J] . Geoforum, 91: 10 - 20.

KADIRBEYOGLU Z, ÖZERTAN G, 2015. Power in the Governance of Common-Pool Re-sources: a comparative analysis of irrigation management decentralization in Turkey [J]. Environmental Policy and Governance, 25 (3): 157 - 171.

KAHN J R, VÁSQUEZ W F, DE REZENDE C E, 2017. Choice modeling of system-wide or large scale environmental change in a developing country context: lessons from the Paraíba do Sul River [J] . Science of the total Environment, 598: 488 - 496.

KALLIS G, GÓMEZ-BAGGETHUN E, ZOGRAFOS C, 2013. To Value or not to value? That is not the question [J] . Ecological Economics, 94: 97 - 105.

KASHAIGILI J J, KADIGI R M J, SOKILE C S, et al. , 2003. Constraints and potential for efficient inter-sectoral water allocations in Tanzania [J] . Physics and Chemistry of the Earth, 28: 839 - 851.

KAUFFMAN C M, 2014. Financing watershed conservation: lessons from Ecuador's evol-ving water trust funds [J] . Agricultural Water Management, 145: 39 - 49.

KELLNER E, OBERLACK C, GERBER J, 2019. Polycentric governance compensates for incoherence of resource regimes: the case of water uses under climate change in Oberhasli, Switzerland [J] . Environmental Science and Policy, 100: 126 - 135.

KIM I, ARNHOLD S, AHN S, et al. , 2019. Land use change and ecosystem services in mountainous watersheds: predicting the consequences of environmental policies with cellu-lar automata and hydrological modeling [J] . Environmental Modelling and Software, 122: 103982. 1 - 103982. 17.

KISER L L, OSTROM E, 1987. Reflections on the Elements of Institutional Analysis [C]. Conference on "Advancedin Comparative Institutional Analysis" at the Inter-University Center of Post-Graduate Studies, Dubrovnik, Yugoslavia.

KLEIN P G, 2000. New institutional economics [C] // BOUCKEART B, DE GEEST G. Encyclopedia of law and economics. Cheltenham: Edward Elgar Publishing: 456 - 489.

KOLINJIVADI V, ADAMOWSKI J, KOSOY N, 2014. Recasting payments for ecosystem services (PES) in water resource management: a novel institutional approach [J]. Eco-system Services , 10: 144 - 154.

KOLINJIVADI V, GAMBOA G, ADAMOWSKI J, et al. , 2015. Capabilities as justice: analysing the acceptability of payments for ecosystem services (PES) through 'social multi-criteria evaluation' [J] . Ecological Economics, 118: 99 - 113.

KOSOY N, MARTINEZ-TUNA M, MURADIAN R, et al. , 2007. Payments for environ-mental services in watersheds: insights from a comparative study of three cases in Central America [J] . Ecological Economics, 61: 446 - 455.

KROEGER T, CASEY F, 2007. An assessment of market-based approaches to providing ecosystem services on agricultural lands [J] . Ecological Economics, 64 (2): 321 - 332.

KUMAR P, KUMAR M, GARRETT L, 2014. Behavioural foundation of response policies for ecosystem management: what can we learn from payments for ecosystem services (PES) [J]. Ecosystem Services, 10: 128 - 136.

KWAYU E J, SALLU S M, PAAVOLA J, 2014. Farmer participation in the equitable payments for watershed services in Morogoro, Tanzania [J]. Ecosystem Services, 7: 1 - 9.

LE TELLIER V, CARRASCO A, ASQUITH N, 2009. Attempts to determine the effects of forest cover on stream flow by direct hydrological measurements in Los Negros, Bolivia [J]. Forest Ecology and Management, 258: 1881 - 1888.

LEVÄNEN J O, HUKKINEN J I, 2013. A methodology for facilitating the feedback between mental models and institutional change in industrial ecosystem governance: a waste management case-study from northern Finland [J]. Ecological Economics, 87: 15 - 23.

LI R, VAN DEN BRINK M, WOLTJER J, 2016. Rules for the governance of coastal and marine ecosystem services: an evaluative framework based on the IAD framework [J]. Land Use Policy, 59: 298 - 309.

LIAN H, LEI Q, ZHANG X, et al., 2018. Effects of anthropogenic activities on long-term changes of nitrogen budget in a plain river network region: a case study in the Taihu Basin [J]. Science of The Total Environment, 645: 1212 - 1220.

LIEN A M, SCHLAGER E, LONA A, 2018. Using institutional grammar to improve understanding of the form and function of payment for ecosystem services programs [J]. Ecosystem Services, 31: 21 - 31.

LOCATELLI B, ROJAS V, SALINAS Z. Impacts of payments for environmental services on local development in northern Costa Rica: a fuzzy multi-criteria analysis [J]. Forest Policy and Economics, 2008, 10: 275 - 285.

LU Y, HE T, 2014. Assessing the effects of regional payment for watershed services program on water quality using an intervention analysis model [J]. Science of the Total Environment, 493: 1056 - 1064.

LURIE S, BENNETT D E, DUNCAN S, et al., 2013. PES marketplace development at the local scale: the Eugene Water and Electric Board as a local watershed services marketplace driver [J]. Ecosystem Services, 6: 93 - 103.

MAILLE P, COLLINS A R, 2012. An index approach to performance-based payments for water quality [J]. Journal of Environmental Management, 99: 27 - 35.

MARTIN A, GROSS-CAMP N, KEBEDE B, et al., 2014. Measuring effectiveness, efficiency and equity in an experimental Payments for Ecosystem Services trial [J]. Global Environmental Change, 28: 216 - 226.

MARTIN-ORTEGA J, OJEA E, ROUX C, 2013. Payments for Water Ecosystem Services in Latin America: a literature review and conceptual model [J]. Ecosystem Services, 6: 122 - 132.

MATTOS J B, SANTOS D A, FALCÃO FILHO C A T, et al., 2018. Water production in a Brazilian montane rainforest: implications for water resources management ［J］. Environmental Science and Policy, 84: 52 - 59.

MCELWEE P D, 2012. Payments for environmental services as neoliberal market-based forest conservation in Vietnam: panacea or problem? ［J］. Geoforum, 43 (3): 412 - 426.

MCELWEE P, NGHIEM T, LE H, et al., 2014. Payments for environmental services and contested neoliberalisation in developing countries: a case study from Vietnam ［J］. Journal of Rural Studies, 36: 423 - 440.

MCGINNIS M D, 2011. An introduction to IAD and the language of the Ostrom Workshop: a simple guide to a complex framework ［J］. Policy Studies Journal, 39: 169 - 183.

MEHRING M, SEEBERG-ELVERFELDT C, KOCH S, et al., 2011. Local institutions: regulation and valuation of forest use—evidence from Central Sulawesi, Indonesia ［J］. Land Use Policy, 28: 736 - 747.

MEIJERINK S, HUITEMA D, 2017. The institutional design, politics, and effects of a bioregional approach: observations and lessons from 11 case studies of river basin organizations ［J］. Ecology and Society, 22 (2): 41.

Millennium Ecosystem Assessment, 2003. Ecosystems and human well-being: A framework for assessment ［R］. Washington, DC: Island Press: 19 - 20.

MISHRA S K, HITZHUSEN F J, SOHNGEN B L, et al., 2012. Costs of abandoned coal mine reclamation and associated recreation benefits in Ohio ［J］. Journal of Environmental Management, 100 (1): 52 - 58.

MORENO-SANCHEZ R, MALDONADO J H, WUNDER S, et al., 2012. Heterogeneous users and willingness to pay in an ongoing payment for watershed protection initiative in the Colombian Andes ［J］. Ecological Economics, 75: 126 - 134.

MORRI E, PRUSCINI F, SCOLOZZI R, et al., 2014. A forest ecosystem services evaluation at the river basin scale: supply and demand between coastal areas and upstream lands (Italy) ［J］. Ecological indicators, 37: 210 - 219.

MORRISON T H, ADGE W N, BROWN K, et al., 2019. The black box of power in polycentric environmental governance ［J］. Global Environmental Change, 57: 101934.

MOTALLEBI M, HOAG D L, TASDIGHI A, et al., 2018. The impact of relative individual ecosystem demand on stacking ecosystem credit markets ［J］. Ecosystem Services, 29: 137 - 144.

MULATU D W, VAN DER VEEN A, VAN OEL P R, 2014. Farm households' preferences for collective and individual actions to improve water-related ecosystem services: the Lake Naivasha basin, Kenya ［J］. Ecosystem Services, 7: 22 - 33.

MUNGER M C, 2010. Endless forms most beautiful and most wonderful: Elinor Ostrom and the diversity of institutions ［J］. Public Choice, 143: 263 - 268.

MUÑOZ-PIÑA C, GUEVARA A, TORRES J M, et al., 2008. Paying for the hydrological services of Mexico's forests: analysis, negotiations and results ［J］. Ecological Economics，65（4）：725－736.

MURADIAN R，CORBERA E，PASCUAL U，et al.，2010. Reconciling theory and practice：an alternative conceptual framework for understanding payments for environmental services [J] . Ecological Economics，69：1202－1208.

NAEEM S，INGRAM J C，VARGA A，et al.，2015. Get the science right when paying for nature's services [J] . Science，347（6227）：1206－1207.

NIGUSSIE Z，TSUNEKAWA A，HAREGEWEYN N，et al.，2018. Applying Ostrom's institutional analysis and development framework to soil and water conservation activities in north-western Ethiopia [J] . Land Use Policy，71：1－10.

NORTH D C，1994. Economic performance through time [J] . the American Economic Review，84（3）：359－368.

OLA O，MENAPACE L，BENJAMIN E，et al.，2019. Determinants of the environmental conservation and poverty alleviation objectives of payments for ecosystem services（PES）programs [J] . Ecosystem Services，35：52－66.

ORACH K，SCHLÜTER M，2016. Uncovering the political dimension of social-ecological systems：contributions from policy process frameworks [J] . Global Environmental Change，40：13－25.

OSTROM E，1973. On the meaning and measurement of output and efficiency in the provision of urban police services [J] . Journal of Criminal Justice，1（2）：93－111.

OSTROM E，1986. An agenda for the study of institutions [J] . Public Choice，48：3－25.

OSTROM E，2005. Understanding institutional diversity [M] . Princeton：Princeton University Press：189.

OSTROM E，2010a. A long polycentric journey [J] . Annual Review of Political Science，13：1－23.

OSTROM E，2010b. Revising theory in light of experimental findings [J] . Journal of Economic Behavior & Organization，73：68－72.

OSTROM E，2011. Background on the institutional analysis and development framework [J]. Policy Studies Journal，39（1）：7－27.

OSTROM E，GARDNER R，WALKER J，1994. Rules，games，and common-pool resources [M] . Ann Arbor：The University of Michigan Press：4－68.

PAGIOLA S，2008. Payments for environmental services in Costa Rica [J] . Ecological Economics，65（4）：712－724.

PAGIOLA S，ARCENAS A，PLATAIS G，2005. Can payments for environmental services help reduce poverty? An exploration of the issues and the evidence to date from Latin America [J] . World Development，33（2）：237－253.

PAHL-WOSTL C，KNIEPER C，2014. The capacity of water governance to deal with the climate change adaptation challenge：using fuzzy set Qualitative Comparative Analysis to distinguish between polycentric，fragmented and centralized regimes [J] . Global Environmental Change, 29: 139 - 154.

PASCUAL U, PHELPS J, GARMENDIA E, et al. , 2014. Social equity matters in payments for ecosystem services [J] . BioScience, 64 (11): 1027 - 1036.

PAUDYAL K, BARAL H, BHANDARI S P, et al. , 2019. Spatial assessment of the impact of land use and land cover change on supply of ecosystem services in Phewa watershed, Nepal [J] . Ecosystem Services, 36: 100895.

PERSHA L, AGRAWAL A, CHHATRE A, 2011. Social and ecological synergy: local rulemaking, forest livelihoods, and biodiversity conservation [J] . Science, 331 (6024): 1606 - 1608.

PORRAS I, DENGEL J, AYLWARD B, 2012. Monitoring and evaluation of payment for watershed service schemes in developing countries [C] // 14th Annual BioEcon Conference on "Resource Economics, Biodiversity Conservation and Development", Kings College, Cambridge, UK: 7.

POSTEL S L, THOMPSON B H, Jr, 2005. Watershed protection: capturing the benefits of nature's water supply services [J] . Natural Resources Forum, 29: 98 - 108

QU F, KUYVENHOVEN A, SHI X, et al. , 2011. Sustainable natural resource use in rural China: recent trends and policies [J] . China Economic Review, 22 (4): 444 - 460.

Raheem N, 2014. Using the institutional analysis and development (IAD) framework to analyze the acequias of El Rio de las Gallinas, New Mexico [J] . The Social Science Journal, 51: 447 - 454.

RAHMAN H M T, HICKEY G M, SARKER S K, 2012. A framework for evaluating collective action and informal institutional dynamics under a resource management policy of decentralization [J] . Ecological Economics, 83: 32 - 41.

RASTOGI A, HICKEY G M, BADOLA R, et al. , 2014. Understanding the local sociopolitical processes affecting conservation management outcomes in Corbett Tiger Reserve, India [J] . Environmental Management, 53: 913 - 929.

REED M S, ALLEN K, ATTLEE A, et al. , 2017. A place-based approach to payments for ecosystem services [J] . Global Environmental Change, 43: 92 - 106.

RIBAUDO M, SAVAGE J, 2014. Controlling non-additional credits from nutrient management in water quality trading programs through eligibility baseline stringency [J]. Ecological Economics, 105: 233 - 239.

RICHARDS R C, KENNEDY C J, LOVEJOY T E, et al. , 2017. Considering farmer land use decisions in efforts to 'scale up' payments for watershed services [J] . Ecosystem Services, 23: 238 - 247.

RICHARDS R C, REROLLE J, ARONSON J, et al. , 2015. Governing a pioneer program on payment for watershed services: stakeholder involvement, legal frameworks and early lessons from the Atlantic forest of Brazil [J] . Ecosystem Services, 16: 23 - 32.

RODRÍGUEZ J P, BEARD T D, Jr, BENNETT E M, et al. , 2006. Trade-offs across space，time，and ecosystem services ［J］．Ecology and Society，11（1）：28.

RODRÍGUEZ-DE-FRANCISCO J C，BUDDS J，2015. Payments for environmental services and control over conservation of natural resources：the role of public and private sectors in the conservation of the Nima watershed，Colombia ［J］．Ecological Economics，117：295 – 302.

ROUMASSET J，WADA C A，2013. A dynamic approach to PES pricing and finance for interlinked ecosystem services：watershed conservation and groundwater management ［J］．Ecological Economics，87：24 – 33.

RUDD M A，2004. An institutional framework for designing and monitoring ecosystem-based fisheries management policy experiments ［J］．Ecological Economics，48：109 – 124.

SATTLER C．，MATZDORF B，2013. PES in a nutshell：from definitions and origins to PES in practice—approaches，design process and innovative aspects ［J］．Ecosystem Services，6：2 – 11.

SCHNEIBERG M，CLEMENS E S，2006. The typical tools for the job：research strategies in institutional analysis ［J］．Sociological Theory，24（3）：195 – 227.

SHENG J，WEBBER M，2018. Using incentives to coordinate responses to a system of payments for watershed services：the middle route of South-North Water Transfer Project，China ［J］．Ecosystem Services，32：1 – 8.

SHOYAMAA K，YAMAGATA Y，2016. Local perception of ecosystem service bundles in the Kushiro watershed，Northern Japan - application of a public participation GIS Tool ［J］．Ecosystem Services，22（Part A）：139 – 149.

SIMON H A，1955. A behavioral model of rational choice ［J］．The Quarterly Journal of Economics，69（1）：99 – 118.

SMITH L，INMAN A，CHERRINGTON R，2012. The potential of land conservation agreements for protection of water resources ［J］．Environmental Science and Policy，24：92 – 100.

SOUTHGATE D，WUNDER S，2009. Paying for watershed services in Latin America：a review of current initiatives ［J］．Journal of Sustainable Forestry，28：497 – 524.

STANTON T，ECHAVARRIA M，HAMILTON K，et al．，2010. State of watershed payments：an emerging marketplace ［R/OL］．（2010 – 6 – 23）．http：//www. forest-trends. org/ documents/files/doc _ 243 8. pdf.

STEFANO P，GUNARS P，2002. Payments for environmental services ［R/OL］．Washington DC：World Bank：1 – 4. http：//documents. worldbank. org/curated/en/ 983701468779667772/payments-for-environmental-services.

SUHARDIMAN D，WICHELNS D，LEBEL L，et al．，2014. Benefit sharing in Mekong Region hydropower：whose benefits count？ ［J］．Water Resources and Rural Development，4：3 – 11.

SWANEY D P，HONG B，SELVAM A P，et al．，2015. Net anthropogenic nitrogen inputs and nitrogen fluxes from Indian watersheds: an initial assessment [J] . Journal of Marine Systems, 141: 45 – 58.

SWANEY D P, HONG B, TI C, et al. , 2012. Net anthropogenic nitrogen inputs to watersheds and riverine N export to coastal waters: a brief overview [J] . Current Opinion in Environmental Sustainability, 4: 203 – 211.

TACCONI L, 2012. Redefining payments for environmental services [J] . Ecological Economics, 73: 29 – 36.

TAFFARELLO D, CALIJURI M DO C, VIANI R A G, et al. , 2017. Hydrological services in the Atlantic Forest, Brazil: an ecosystem-based adaptation using ecohydrological monitoring [J] . Climate Services, 8: 1 – 16.

TALLIS H, GOLDMAN R, UHL M, et al. , 2009. Integrating conservation and development in the field: implementing ecosystem service projects [J] . Frontiers in Ecology and the Environment, 7 (1): 12 – 20.

TARTOWSKI S L, HOWARTH R W, 2013. Nitrogen, nitrogen cycle [J] . Encyclopedia of Biodiversity, 5: 537 – 546.

VAN DEN HURK M, MASTENBROEK E, MEIJERINK S, 2014. Water safety and spatial development: an institutional comparison between the United Kingdom and the Netherlands [J] . Land Use Policy, 36: 416 – 426.

VATN A, 2015. Markets in environmental governance—from theory to practice [J]. Ecological Economics, 117: 225 – 233.

WANG J, ZHONG L, ICELAND C, 2007. China's water stress is on the rise [EB/OL] . (2017 – 01 – 10) . https: //www. wri. org/blog/2017/01/chinas-water-stress-rise.

WANG P, POE G L, Wolf S A, 2017. Payments for ecosystem services and wealth distribution [J] . Ecological Economics, 132: 63 – 68.

WANJALA S, MWINAMI T, HARPER D M, et al. , 2018. Ecohydrological tools for the preservation and enhancement of ecosystem services in the Naivasha Basin, Kenya [J]. Ecohydrology & Hydrobiology, 18 (2): 155 – 173.

WATSON N, DEEMING H, TREFFNY R, 2009. Beyond bureaucracy? Assessing institutional change in the governance of water in England [J] . Water Alternatives, 2 (3): 448 – 460.

WEIKARD H-P, KIS A, UNGVÁRI G, 2017. A simple compensation mechanism for flood protection services on farmland [J] . Land Use Policy, 65: 128 – 134.

WILLAARTS B A, VOLK M, AGUILERA P A, 2012. Assessing the ecosystem services supplied by freshwater flows in Mediterranean agroecosystems [J] . Agricultural Water Management, 105: 21 – 31.

WOODCOCK P, PULLIN A S, KAISER M J, 2014. Evaluating and improving the reliability of evidence syntheses in conservation and environmental science: a methodology [J]. Biological Conservation, 176: 54 – 62.

World Resources Institute, 2016. Baseline water stress: China [R] . Washington: World

Resources Institute: 16.

WUNDER S, 2005. Payments for environmental services: some nuts and bolts [R]. Jakarta: Center for International Forestry Research.

WUNDER S, 2013. When payments for environmental services will work for conservation [J]. Conservation Letters, 6 (4): 230 – 237.

WUNDER S, 2015. Revisiting the concept of payments for environmental services [J]. Ecological Economics, 117: 234 – 243.

WUNDER S, ALBÁN M, 2008a. Decentralized payments for environmental services: the cases of Pimampiro and PROFAFOR in Ecuador [J]. Ecological Economics, 65 (4): 685 – 698.

WUNDER S, ENGEL S, PAGIOLA S, 2008b. Taking stock: a comparative analysis of payments for environmental services programs in developed and developing countries [J]. Ecological Economics, 65 (4): 834 – 852.

WÜNSCHER T, ENGEL S, WUNDER S, 2008. Spatial targeting of payments for environmental services: a tool for boosting conservation benefits [J]. Ecological Economics, 65 (4): 822 – 833.

WÜNSCHER T, WUNDER S, 2017. Conservation tenders in low-income countries: opportunities and challenges [J]. Land Use Policy, 63: 672 – 678.

WYNNE-JONES S, 2012. Negotiating neoliberalism: conservationists' role in the development of payments for ecosystem services [J]. Geoforum, 43 (6): 1035 – 1044.

WYNNE-JONES S, 2013. Connecting payments for ecosystem services and agri-environment regulation: an analysis of the Welsh Glastir Scheme [J]. Journal of Rural Studies, 31: 77 – 86.

XU W, ZHAO Y, LIU X, et al., 2018. Atmospheric nitrogen deposition in the Yangtze River basin: spatial pattern and source attribution [J]. Environmental Pollution, 232: 546 – 555.

YASMI Y, COLFER C J P, YULIANI L, et al., 2007. Conflict management approaches under unclear boundaries of the commons: experiences from Danau Sentarum National Park, Indonesia [J]. International Forestry Review, 9 (2): 597 – 609.

YEBOAH F K, LUPI F, KAPLOWITZ M D, 2015. Agricultural landowners' willingness to participate in a filter strip program for watershed protection [J]. Land Use Policy, 49: 75 – 85.

YU H H, EDMUNDS M, LORA-WAINWRIGHT A, et al., 2016. Governance of the irrigation commons under integrated water resources management—a comparative study in contemporary rural China [J]. Environmental Science and Policy, 55: 65 – 74.